轻松学

 精品图书 +  视频教学 + 海量赠品 + 网络服务 = 轻松学

Office 2007
电脑办公速成

吕斌◎主编

东南大学出版社

内容简介

本书是《轻松学》系列丛书之一，全书以通俗易懂的语言、翔实生动的实例，全面介绍了Office 2007办公软件的使用方法和技巧。本书共分13章，内容涵盖了Office 2007的安装方法，Word 2007的基础操作，文档排版，使用对象美化文档，页面设置和打印输出，Excel 2007的基本操作，美化工作表，数据的计算和分析，PowerPoint 2007的基本操作，设计和放映幻灯片，Outlook 2007办公信息管理，网络电脑办公以及综合办公实例等内容。

本书采用图文并茂的方式，使读者能够轻松上手。全书双栏紧排，双色印刷，同时配以制作精良的多媒体互动教学光盘，让读者学以致用，达到最佳的学习效果。此外，配套光盘中免费赠送海量学习资源库，其中包括3～4套与本书内容相关的多媒体教学演示视频。

本书面向电脑爱好者，是广大电脑初级、中级、家庭电脑用户和老年电脑爱好者的首选参考书。

图书在版编目（CIP）数据

Office 2007电脑办公速成/吕斌主编. —南京：东南大学出版社，2010.4
（"轻松学"系列）
ISBN 978-7-5641-2178-5

Ⅰ.①O⋯ Ⅱ.①吕⋯ Ⅲ.①办公室—自动化—应用软件，Office 2007 Ⅳ.①TP317.1

中国版本图书馆CIP数据核字（2010）第068900号

Office 2007电脑办公速成

出版发行	东南大学出版社
社　　址	南京市四牌楼2号（邮编：210096）
出 版 人	江　汉
责任编辑	张绍来
经　　销	全国各地新华书店
印　　刷	江苏徐州新华印刷厂
开　　本	787 mm×1 092 mm　1/16
印　　张	12.75
字　　数	280千字
版　　次	2010年4月第1版
印　　次	2010年4月第1次印刷
定　　价	32.00元（含光盘）

*东大版图书若有印装质量问题，请直接与读者服务部调换，电话：025-83792328。

丛书序

　　学电脑有很多方法，更有很多技巧。一本好书不仅能让读者快速掌握基本知识、操作方法，还能让读者无师自通、举一反三。为此，东南大学出版社特别为电脑初学者精心打造了品牌丛书——《轻松学》。

　　本丛书采用全新的教学模式，力求在短时间内帮助读者精通电脑，达到全方位掌握的效果。本丛书挑选了最实用、最精炼的知识内容，通过详细的操作步骤讲解各种知识点，并通过图解教学和多媒体互动光盘演示的方式，让枯燥无味的电脑知识变得简单易学。力求让所有读者都能即学即用，真正做到满足工作和生活的需要。

丛书主要内容

　　本套丛书涵盖了电脑各个应用领域，包括电脑硬件知识、操作系统、文字录入和排版、办公软件、电脑网络、图形图像等，在涉及到软硬件介绍时选用应用面最广最为常用的版本为主要讲述对象。众多的图书品种，可以满足不同读者的需要。本套丛书主要包括以下品种：

《中文版Windows 7》	《五笔打字与Word排版5日速成》
《电脑入门(Windows XP+Office 2003+上网冲浪)》	《电脑组装·维护·故障排除》
《新手学电脑》	《Office 2007电脑办公速成》
《新手学上网》	《中文版Photoshop CS4图像处理》
《家庭电脑应用》	《Photoshop数码相片处理》
《老年人学电脑》	《网上购物与开店》

丛书写作特色

　　作为一套面向初中级电脑用户的系列丛书，《轻松学》丛书具有环境教学、图文并茂的写作方式，科学合理的学习结构，简练流畅的文字语言，紧凑实用的版式设计，方便阅读的双色印刷，以及制作精良的多媒体互动教学光盘等特色。

　　（1）双栏紧排，双色印刷

　　本套丛书由专业的图书排版设计师精心创作，采用双栏紧排的格式，合理的版式设计，更加适合阅读。在保证版面清新、整洁的前提下，尽量做到不在页面中留有空白区域，最大限度地增加了图书的知识和信息量。其中200多页的篇幅容纳了传统图书400多页的内容。从而在有限的篇幅内为读者奉献更多的电脑知识。

　　（2）结构合理，循序渐进

　　本套丛书注重读者的学习规律和学习心态，紧密结合自学的特点，由浅入深地安排章节内容，针对电脑初学者基础知识薄弱的状态，从零开始介绍电脑知识，通过图解完成各种复杂知识的讲解，让读者一学就会、即学即用。真正达到学习电脑知识不求人的效果。

　　（3）内容精炼，技巧实用

　　本套丛书中的范例都以应用为主导思想，编写语言通俗易懂，添加大量的"注意事项"

和"专家指点"。其中，"注意事项"主要强调学习中的重点和难点，以及需要特别注意的一些突出问题；"专家指点"则讲述了高手在电脑应用过程中积累的经验、心得和教训。通过这些注释内容，使读者轻松领悟每一个范例的精髓所在。

（4）图文并茂，轻松阅读

本套丛书采用"全程图解"讲解方式，合理安排图文结构，每个操作步骤均配有对应的插图，同时在图形上添加步骤序号及说明文字，更准确地对知识点进行演示。使读者在学习过程中更加直观、清晰地理解和掌握其中的重点。

光盘主要特色

丛书的配套光盘是一张精心制作的DVD多媒体教学光盘，它采用了全程语音讲解、情景式教学、互动练习、真实详细的操作演示等方式，紧密结合书中的内容对各个知识点进行深入的讲解，书盘结合，互动教学，达到无师自通的效果。

（1）功能强大，情景教学，互动学习

本光盘通过老师和学生关于电脑知识的学习展开教学，真实详细的动画操作深入讲解各个知识点，让读者轻松愉快、循序渐进地完成知识的学习。此外，在光盘特有的"模拟练习"模式中，读者可以跟随操作演示中的提示，在光盘界面上执行实际操作，真正做到了边学边练。

（2）操作简单，配套素材一应俱全

本光盘聘请专业人士开发，界面注重人性化设计，读者只需单击相应的按钮，即可进入相关程序或执行相关操作，同时提供即时的学习进度保存功能。光盘采用大容量DVD光盘，收录书中全部实例视频、素材和源文件、模拟练习，播放时间长达20多个小时。

（3）免费赠品，附赠多套多媒体教学视频

本光盘附赠大量学习资料，其中包括3～4套与本书教学内容相关的多媒体教学演示视频。让读者花最少的钱学到最多的电脑知识，真正做到物超所值。

丛书读者对象

本套丛书的读者对象为电脑爱好者，是广大电脑初级、中级、家庭电脑用户和中老年电脑爱好者，或学习某一应用软件的用户的首选参考书。

如果您在阅读图书或使用电脑的过程中有疑惑或需要帮助，可以通过我们的信箱（E-mail：qingsongxue@126.net）联系，本丛书的作者或技术人员会提供相应的技术支持。

前 言

如今，学电脑已经成为不同年龄层次的人群必须掌握的一门技能。为了使读者在短时间内轻松掌握电脑各方面应用的基本知识，并快速解决实际生活中遇到的各种问题，我们组织了一批教学精英和业内专家特别为电脑学习用户量身定制了这套《轻松学》系列丛书。

《Office 2007电脑办公速成》是这套丛书中的一本，该书从读者的学习兴趣和实际需求出发，合理安排知识结构，由浅入深、循序渐进，通过图文并茂的方式讲解Office 2007电脑办公的各种应用方法。全书共分为13章，主要内容如下：

第1章：介绍了安装Office 2007的方法、以及启动和退出Office应用程序的技巧。

第2章：介绍了Word 2007基本操作，包括文档基本操作、编辑文本等内容。

第3章：介绍了Word文档排版操作，包括设置文本格式、应用特殊排版格式等内容。

第4章：介绍了使用对象美化Word文档，包括图片、艺术字、表格的使用方法和技巧。

第5章：介绍了文档页面设置与打印输出，以及打印预览文档的方法和技巧。

第6章：介绍了Excel 2007基本操作，包括工作簿、工作表、单元格的操作方法和技巧。

第7章：介绍了美化工作表，包括设置单元格格式、行列格式和工作表样式等内容。

第8章：介绍了数据的计算和分析操作，包含排序、筛选、分类汇总数据的方法和技巧。

第9章：介绍了PowerPoint 2007基本操作，包括编辑幻灯片、插入对象等方法和技巧。

第10章：介绍了设计和放映幻灯片，包括创建动画幻灯片、设计主题和背景等方法和技巧。

第11章：介绍了Outlook 2007办公信息管理，包括收发邮件、管理联系人等内容。

第12章：介绍了使用局域网和Internet办公、电脑病毒防护等方法和技巧。

第13章：介绍了制作美观实用的Word文档、Excel数据表和PowerPoint演示文稿的方法。

此外，本书附赠一张精心开发的DVD多媒体教学光盘，它采用全程语音讲解、情景式教学、互动练习等方式，紧密结合书中的内容进行深入的讲解。让读者在阅读本书的同时，享受到全新的交互式多媒体教学。光盘附赠大量学习资料，其中包括3～4套与本书内容相关的多媒体教学演示视频。让读者即学即用，在短时间内掌握最为实用的电脑知识，真正达到轻松掌握，学电脑不求人的效果。

除封面署名的作者外，参加本书编写的人员还有王毅、孙志刚、李珍珍、胡元元、金丽萍、张魁、谢李君、沙晓芳、管兆昶、何美英等人。由于作者水平有限，本书难免有不足之处，欢迎广大读者批评指正。我们的联系信箱是qingsongxue@126.net。

《轻松学》丛书编委会

2010年2月

CONTENTS 目录

第04章

使用对象美化Word文档

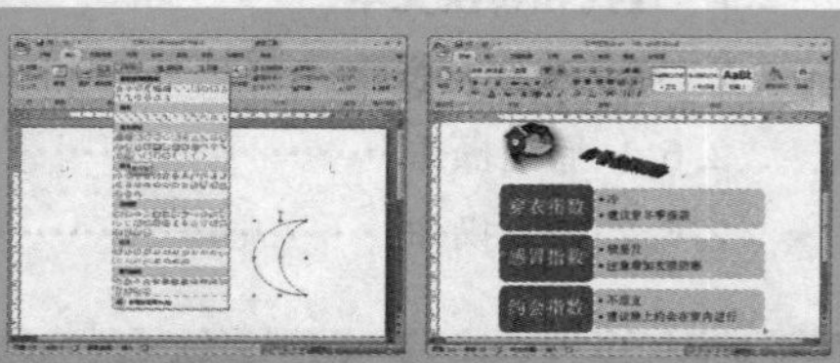

第05章

文档页面设置与打印输出

第06章

Excel 2007基本操作

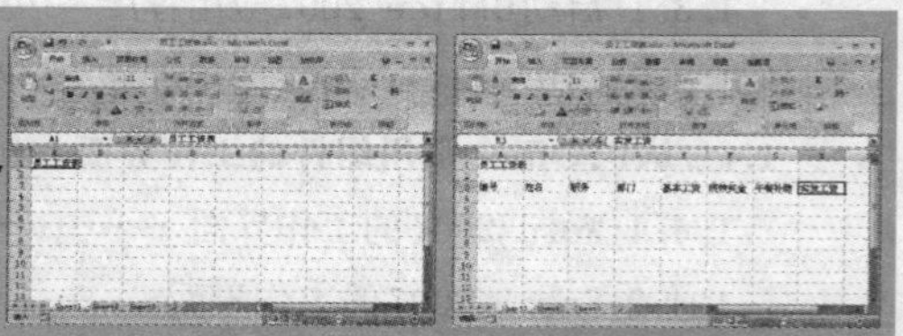

第07章

美化工作表

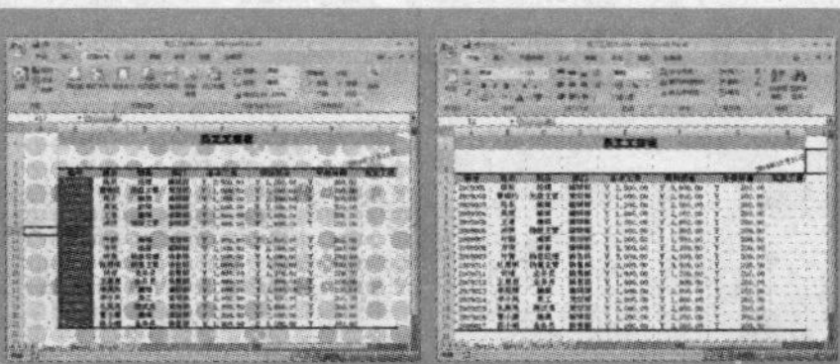

第08章

数据的计算和分析

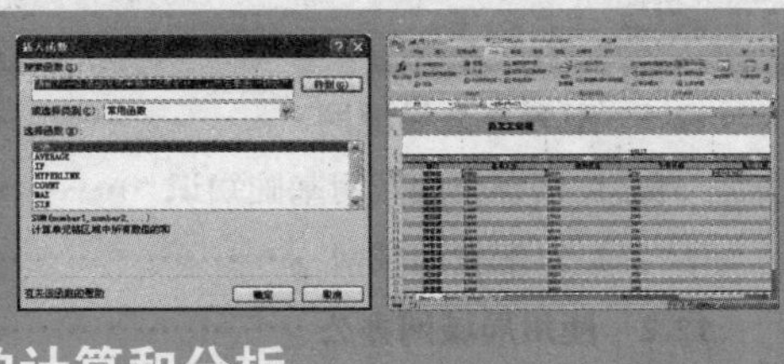

第09章

PowerPoint 2007 基本操

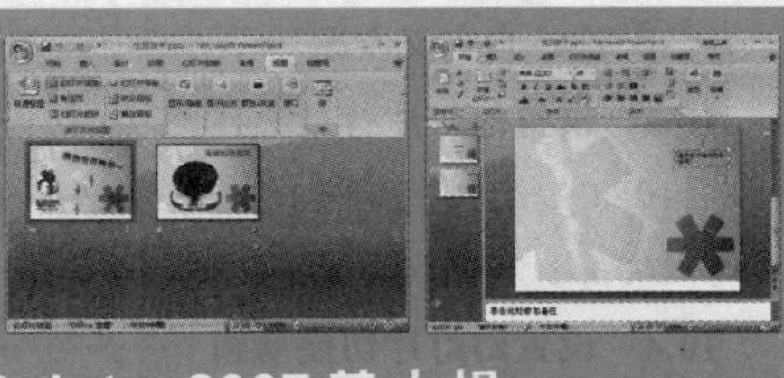

第10章

设计和放映幻灯片

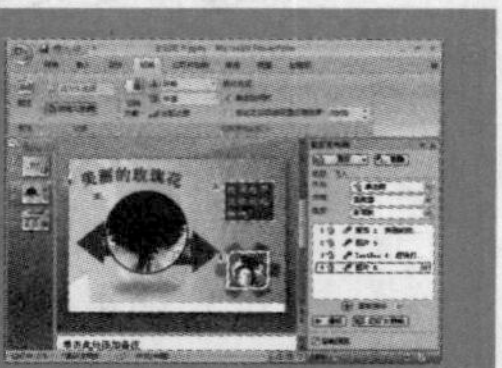

第11章

Outlook 2007办公信息管理

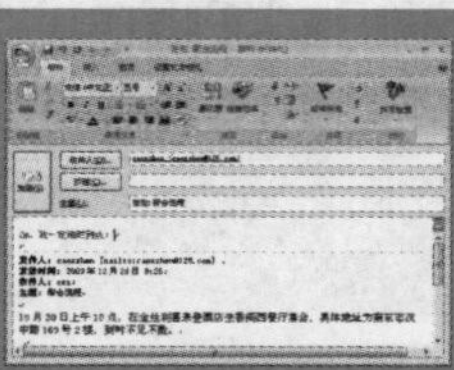

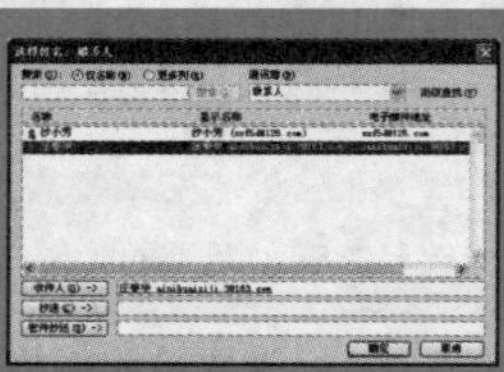

第12章

网络化电脑办公

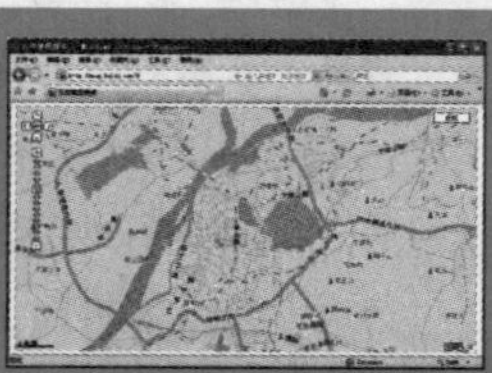

第13章 综合办公实例应用

Chapter 01

零距离接触Office 2007

Office 2007是Microsoft推出的办公自动化套装软件，不仅在原有的Office系列基础上对功能进行了优化，而且安全性和稳定性也得到了巩固。本章将介绍安装Office 2007、启动和退出Office 2007、Office 2007界面及其功能等。

- Office 2007在电脑办公中的应用
- 安装Office 2007
- 启动与退出Office 2007应用程序
- 认识Office常用组件的工作界面
- 自定义Office办公操作环境

参见随书光盘

例1-1　首次安装Office 2007到电脑
例1-2　删除Office 2007组件
例1-3　修复Office 2007
例1-4　自定义Word 2007操作环境

1.1 Office 2007在电脑办公中的应用

Office 2007是Microsoft公司推出的最具创造性与革命性的办公软件，以其全新设计的用户界面、稳定安全的文件格式和高效的沟通协作功能，使得电脑办公操作更加方便和快捷，目前已成为众多办公自动化软件中的佼佼者。

Office 2007的每个组件都是一个能够独立完成某一方面工作的软件，主要包括Word 2007、Excel 2007、PowerPoint 2007、Outlook 2007等。本节将介绍这些常用组件在电脑办公中的应用。

1.1.1 Word 2007的应用

Word 2007是一个功能强大的文字处理软件，常用于制作和编辑各种办公商务和个人文档。使用Word 2007来处理文件，可大大提高企业办公自动化的效率。

Word 2007在办公中的应用如下：

🔹 进行文字输入、编辑、排版和打印等，还可制作出图文并茂的各种办公文档。

🔹 可以制作各种商务表格文档。

🔹 自带有信函、传真等各种模板和向导，方便用户创建各种专业性的文档。

在办公中，用户可以使用Word 2007来制作公司制度、组织结构图、人事档案、招标书、提案、说明书、通知、请帖、传真、名牌、报告、协议、合同和会议记录等。

件，常用于制作和编辑电子表格。Excel 2007能够方便地与Office 2007其他组件相互调用数据，实现资源共享。

Excel 2007在办公中的应用如下：

🔹 可以方便地制作出商务上使用广泛的各种电子表格。

🔹 可以对表格中的数据进行计算，例如求和、求平均值、求最大值及最小值等。

🔹 可以建立多样化的统计图表，以便更加直观地显示数据之间的关系，让用户可以比较数据之间的变动、成长关系以及趋势等。

在办公中，用户可以使用Excel 2007来制作财务报表、人事统计表、销售业绩表、生产计划表、办公时间安排表、生产统计表和工资表等。

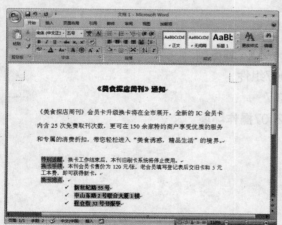

1.1.2 Excel 2007的应用

Excel 2007是最强大的电子表格处理软

1.1.3 PowerPoint 2007的应用

PowerPoint 2007是一款专门处理演示文稿的应用软件，常用于制作集文字、图形、图像、声音以及视频等多媒体元素为一体的演示文稿，让信息以更轻松、更高效的方式表达出来。

PowerPoint 2007在办公中的应用如下：

 可以方便地创建包含文字、图片和表格等对象的幻灯片。

 可以制作包含影片和声音等多媒体对象的课件或贺卡。

 可以将照片制作成电子相册。

在办公中，用户可以使用PowerPoint 2007来制作产品宣传、会议资料、贺卡、企业演示文档和产品简介等。

1.1.4 Outlook 2007的应用

Outlook 2007是集通信程序与个人信息为一体的应用程序，常用于快速搜索通信、组织信件，使得用户能更好地与他人共享信息。

Outlook 2007在办公中的应用如下：

 可以管理电子邮件、约会、任务和文件等各种信息。

 通过电子邮件、日程安排和共享文件等功能，可以与小组成员共享信息。

 可以浏览和查找Office文件，实现与其他Office组件共享数据功能。

在办公中，用户可以使用Outlook 2007来进行电子邮件的接收、发送和各种管理工作，从而大大提高了工作效率。

> **专家指点**
>
> Office 2007还包含有Access 2007、InfoPath 2007、Publisher 2007这3个组件，它们分别应用于数据库的管理、动态表单的编辑和出版物的编辑。对于这3个组件，用户可以自行参考其他书籍，本书对其将不做详细介绍。

1.2 安装Office 2007

Windows XP操作系统并没有自带Office 2007，因此在使用Office 2007办公之前，首先需要将其安装到电脑中。

1.2.1 第一次安装Office 2007

安装Office 2007的方法很简单，只需要运行安装程序，按照操作向导提示，就可以轻松地将该软件安装到电脑中。

【例1-1】在Windows XP操作系统中，第一次将Office 2007安装到电脑中。 视频

01 将Office 2007的安装光盘放入光驱中，找到光盘的安装文件setup.exe，并双击

该安装图标，系统将自动运行安装配置向导并复制安装文件。

02 临时文件复制完毕后，在打开对话框的产品密钥框中输入Office 2007的序列号，并单击【继续】按钮。

03 在随后打开的【选择所需的安装】对话框中，单击【自定义】按钮。

注意事项

在【选择所需的安装】对话框中，如果选择升级安装，原有的Office版本将被覆盖；如果选择自定义安装，既可以安装Office 2007，又可以保留原来的版本。

04 在随后打开的对话框中，系统默认打开【升级】选项卡，选中【保留所有早期版本】单选按钮，单击【立即安装】按钮。

专家指点

在【安装选项】选项卡中，可以选择需要安装的组件；在【文件位置】选项卡中，可以设置文件的安装位置；在【用户信息】选项卡中，可以设置软件注册信息，如用户名和公司信息等。

05 系统自动打开【安装进度】对话框，并显示进度条。

06 等待一段时间后，自动打开【已成功安装】对话框，单击【关闭】按钮即可。

07 安装程序完成后，将打开【安装】对话框，提示用户重新启动电脑，单击【是】按钮，重新启动电脑，然后就可以使用Office 2007的各种功能。

1.2.2 添加与删除Office 2007组件

Office 2007安装完成后，如果发现某些需要使用的Office组件没有安装或者已安装了不需要的Office组件，此时就可以使用添加或删除功能来解决。

【例1-2】在Windows XP系统中删除Access、InfoPath、Publisher这3个组件。

01 双击光盘中的安装文件setup.exe，系统将自动运行安装配置向导并复制安装文件。

02 在随后打开的【更改安装】对话框中，选中【添加或删除】单选按钮，然后单击【继续】按钮。

03 在打开的【安装选项】选项卡中，单击Microsoft Office InfoPath选项前的下拉按钮，从弹出的下拉列表中选择【不可用】选项。

04 使用同样的方法，设置Access、Publisher组件为【不可用】状态，然后单击【继续】按钮。

05 此时系统自动打开【配置进度】对话框，显示删除组件的进度。

06 完成组件的删除操作后，系统将自动打开【已成功完成配置】对话框，单击【关闭】按钮。

07 在打开的【安装】对话框中，单击【是】按钮，重新启动电脑，即可完成删除组件操作。

◎ 专家指点

添加组件与删除组件操作类似，只需要在【安装选项】选项卡中，单击需要添加组件前的下拉按钮，从弹出的下拉列表中选择【从本机上运行】选项即可。

1.2.3 修复Office 2007

Office 2007安装完成后，如果发现某些

需要使用的Office组件没有安装或者已安装了不需要的Office组件，此时也可以使用修复功能来解决。

【例1-3】 在Windows XP系统中，修复Office 2007。◎视频

01 选择【开始】|【控制面板】命令，打开【控制面板】窗口。

02 双击【添加或删除程序】图标，打开【添加和删除程序】窗口。

03 选择Microsoft Office Professional Plus 2007选项，单击右侧的【更改】按钮。

04 打开【更改安装】对话框，选中【修复】单选按钮，然后单击【继续】按钮。

05 此时打开【配置进度】对话框，并显示修复进度。

06 完成修复工作后，系统将自动打开【已成功配置】对话框，单击【关闭】按钮。

07 此时系统自动打开【安装】对话框，单

击【是】按钮，重新启动电脑，即可完成修复操作。

◯ 专家指点 ◯

在【更改安装】对话框中，选中【删除】单选按钮，然后单击【继续】按钮，即可执行软件的卸载操作；或者在【添加或删除程序】窗口中，选择Microsoft Office Professional Plus 2007选项，单击右侧的【卸载】按钮，同样可卸载Office软件。

1.3 启动与退出Office 2007应用程序

完成Office 2007的安装后，就可以启动其中的组件进行相关操作了。各组件的启动和退出操作基本上是相同的。

1.3.1 启动Office 2007应用程序

启动Office 2007各组件的方法都类似，以Word 2007为例，最常用的方法有以下几种：

◆ 从【开始】菜单启动：启动Windows XP后，选择【开始】|【所有程序】|【Microsoft Office】|【Microsoft Office Word 2007】命令，启动Word 2007。

从【开始】菜单的高频栏启动：单击【开始】按钮，在弹出的【开始】菜单中的高频栏中选择Microsoft Office Word 2007命令，启动Word 2007。

◆ 通过桌面快捷方式启动：双击桌面上的快捷图标，启动Word 2007。

◯ 注意事项 ◯

一般情况下，安装完Office 2007后，各组件的快捷图标将自动显示在电脑桌面上。如果桌面上并没显示组件的快捷图标，可以手动创建组件的快捷方式，选择【开始】|【所有程序】|【Microsoft Office】命令，然后右击组件菜单项，从弹出的快捷菜单中选择【发送到】|【桌面快捷方式】命令即可。

此外，在Office 2007文件的保存路径下双击组件文件图标，或选择组件文件，并右击，从弹出的快捷菜单中选择【打开】命令，同样可以启动Office 2007组件。

1.3.2 退出Office 2007应用程序

退出Office 2007各组件的操作方法相似，常用的主要有以下几种：

❤ 单击Office 2007各组件标题栏上的【关闭】按钮 ⊠。

❤ 在Office 2007组件的工作界面中，单击Office按钮，从弹出的菜单中选择【关闭】命令。

❤ 在Office 2007组件的工作界面中，双击Office按钮。

❤ 在Office 2007组件的工作界面中按Alt+F4组合键。

❤ 在Office 2007各组件标题栏上右击，从弹出的菜单中选择【关闭】命令。

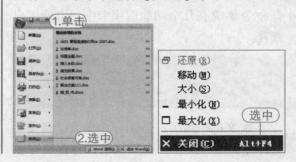

1.4 认识Office常用组件的工作界面

了解了Office 2007的一些知识后，相信大家都迫不及待地想认识一下各组件的样子。Office 2007与传统的Office版本相比，外观上有了很大的改变，工作界面更加新颖，并增加了不少新功能。本节将逐一介绍每个组件的工作界面。

1.4.1 Word 2007的工作界面

启动Word 2007后，进入的便是Word的工作界面。Word 2007的工作界面包括Office按钮、快速访问工具栏、标题栏、功能区、状态栏及文档编辑区等6部分。

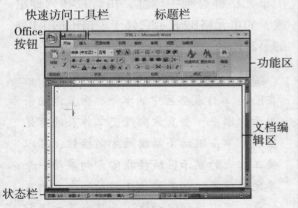

各部分的作用介绍如下：

❤ Office按钮：该按钮是Word 2007新增的功能按钮，位于界面左上角，类似于Word 2003中的【文件】菜单。单击该按钮，即可弹出Office菜单，主要用于执行Word文档的新建、打开和保存等基本操作及对Word 2007进行设置或关闭操作。

❤ 快速访问工具栏：位于Office按钮右

侧，包含常用操作的快捷按钮。默认情况下，Word 2007的快速访问工具栏包含3个快捷按钮，分别为【保存】按钮、【撤消】按钮、【恢复】按钮。当然，也可以添加其他按钮，单击其后的按钮，从弹出的下拉列表中选择相应的按钮选项即可。

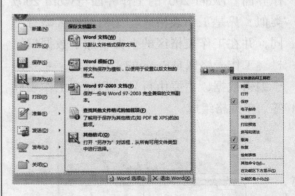

❤ 标题栏：位于Word 2007工作界面的顶端，用于显示当前的程序名及文件名等信息。标题栏最右端有3个按钮，分别用来控制窗口的最小化、最大化和关闭操作。

❤ 功能区：是原有版本中菜单和工具栏的主要替代部分，包括按钮、库和对话框。在默认情况下，功能区主要包含【开始】、【插入】、【页面布局】、【引用】、【邮件】、【审阅】、【视图】和【加载项】8种标准选项卡。功能区将Word 2007的所有命令集成在几个功能选项卡中，方便用户查看。

💠 文档编辑区：是Word中最大、最重要的部分，所有关于文本编辑的操作都将在该区域中完成。

💠 状态栏：位于Word 2007工作界面底端，用于显示当前文档的信息。例如，当前显示的文档是第几页、第几节和当前文档的字数等。另外，通过拖动【显示比例】100% 中的滑块，可以直观地改变文档编辑区的显示比例。

1.4.2 Excel 2007的工作界面

启动Excel 2007后，同样进入Excel的工作界面。Excel 2007的工作界面与Word 2007类似，只是工作表格区与文档编辑区略有不同，并在工作表格区的上方增加了数据编辑栏。工作表格区是Excel的工作区域，主要用于编辑数据，主要由行号、列标、工作表标签、单元格组成。

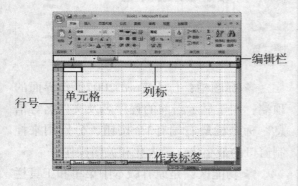

Excel 2007特有部分的作用介绍如下：

💠 编辑栏：位于工作表格区上方，由名称框、工具栏和编辑框3部分组成。其中，名称框显示当前选择单元格的名称；工具栏中默认只显示𝑓按钮，用于插入函数，若在单元格中输入内容后，则显示☒按钮和✓按钮，分别用于取消或确定当前输入；编辑框用于显示和编辑单元格内容。

💠 行号和列标：工作界面左侧的阿拉伯数字就是行号，而工作表上面的英文文字为列标。每个单元格的位置都由行号和列标来确定，它们起到了坐标的作用。

💠 工作表标签：用于显示工作表的名称，单击工作表标签即可切换打开对应的工作表。

💠 单元格：是Excel工作界面中的矩形小方格，它是组成Excel表格的基本单位，也是存储数据的最小单元。用户输入的所有内容都将存储和显示在单元格内，所有单元格组合在一起就构成了一个工作表。每个单元格都有唯一地址，由行号和列标组成，如单元格B2表示它处于表格中的第B列的第2行。

◉ 注意事项 ◉

在Excel工作表格区中的水平、垂直滚动条用于在水平、垂直方向改变工作表的可见区域，单击滚动条两端的方向按钮，可以使工作表的显示区域按指定方向滚动一个单元格位置。如果要快速移动一个大的工作表，可以拖动滚动块，并且会显示当前页码。

1.4.3 PowerPoint 2007的工作界面

启动PowerPoint 2007后，将进入PowerPoint的工作界面。PowerPoint 2007的工作界面与其他Office组件（如Word、Excel）有很多类似之处，其不同之处在于中间部位的工作区，该区域主要由【幻灯片/大纲】窗格、幻灯片编辑窗格和【备注】窗格组成。

PowerPoint工作区中各部分的作用介绍如下：

🔷 【幻灯片/大纲】窗格：用于显示演示文稿的幻灯片数量及位置，通过它可以更加方便地组织演示文稿的结构，并对其进行相应编辑。【幻灯片/大纲】窗格中包含了【幻灯片】和【大纲】两个选项卡，默认情况下显示的是【幻灯片】选项卡，在其中可以查看整个演示文稿中幻灯片的编号和缩略图；在【大纲】选项卡中可以查看当前演示文稿中各幻灯片的文本内容。

🔷 幻灯片编辑窗格：是PowerPoint 2007工作界面中最大的组成部分，它是使用PowerPoint进行幻灯片制作的主要工作区。在其中可以输入文字、插入图片、设置动画效果等。

🔷 【备注】窗格：位于幻灯片编辑窗格的下方，用于输入和编辑与幻灯片相关的其他信息，可供演讲者查阅该幻灯片的信息，以及在播放演示文稿时对幻灯片添加说明和注释。

◖ 注意事项 ◗

在PowerPoint 2007工作界面底端的状态栏右侧为视图切换按钮。单击该视图切换按钮，可以使演示文稿处于不同的视图模式下。

1.4.4 Outlook 2007的工作界面

虽然Outlook 2007的启动方式与其他Office 2007组件的启动方式相同，但是其工作界面却与其他组件大大不同。Outlook 2007的工作界面由标题栏、菜单栏、工具栏、导航窗格、操作窗口、状态栏等部分组成。

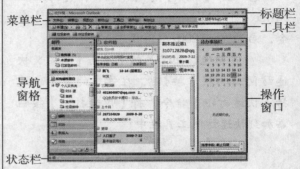

各部分的作用介绍如下：

🔷 标题栏：位于工作界面的顶端，用于显示当前的程序名。

🔷 菜单栏：位于标题栏下方，包括【文件】、【编辑】、【视图】、【前往】、【工具】、【动作】和【帮助】7个菜单项，单击相应的菜单项，从弹出的下拉菜单中选择需要执行的命令即可。

🔷 工具栏：是一般应用程序调用命令的另一种方式，它包含许多由图标表示的命令按钮。如果要显示当前已隐藏的工具栏，可以在任意工具栏上右击，从弹出的快捷菜单中选择某一命令，即可显示对应的工具栏。

🔷 导航窗格：位于窗口的左侧，单击相应的按钮，可展开相应的功能界面，在窗口的右侧可进行相应的操作。

🔷 操作窗口：该窗口中的显示内容和各种参数选项，随左侧导航窗格中选定的选项而定，在其中可进行与相关功能相应的操作。

🔷 工具栏：用于显示电子邮件收发工作的完成状态。

1.5 自定义Office办公操作环境

在Windows XP操作系统中，用户可以根据需要自定义Office办公操作环境，从而使Office软件更具个性化。本节将以自定义Word操作环境为例，介绍设置Office软件办公环境的方法。

【例1-4】在Word 2007中自定义快速访问工具栏中的按钮和自动保存文档的时间等。◇视频

01 选择【开始】|【所有程序】|【Microsoft Office】|【Microsoft Office Word 2007】命令，启动Word 2007应用程序。

02 在快速访问工具栏中单击【自定义快速访问工具栏】按钮，在弹出的菜单中选择【快速打印】命令，将【快速打印】按钮添加到快速访问工具栏中。

03 在快速访问工具栏中单击【自定义快速访问工具栏】按钮，在弹出的菜单中选择【其他命令】命令，打开【Word选项】对话框。

04 打开【自定义】选项卡，在【从下列位置选择命令】下拉列表框中选择【开始选项卡】选项，并且在下面的列表框中选择【加粗】选项，然后单击【添加】按钮，将【加粗】按钮添加到【自定义快速访问工具栏】的列表框中，然后单击【确定】按钮，完成快速工具栏的设置。

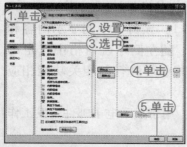

05 单击Office按钮，在弹出的菜单中单击【Word选项】按钮，打开【Word选项】对话框的【保存】选项卡，在【保存文档】选项组中，选中【保存自动恢复信息时间间隔】复选框，并在其后的微调框中输入自动保存的时间间隔5分钟。

◇ 专家指点 ◇

在【保存】选项卡中，用户还可以设置自动恢复文件的位置和默认文件的位置，直接在文本框中输入文件路径即可。

06 打开【高级】选项卡，在右侧的【显示】选项组中的【显示此数目的"最近使用的文档"】微调框中输入0，然后单击【确定】按钮，完成所有设置。

07 单击Office按钮，弹出Office菜单，此时在Office菜单中就不会记录已经打开过的文档。

Chapter

02

Word 2007基本操作

Word 2007是Microsoft公司推出的文字处理软件。它继承了Windows友好的图形界面，可方便地进行文字、图形、图像和数据处理，是最常使用的文档处理软件之一。用户需要充分了解基本操作，为深入学习Word 2007打下牢固的基础，使办公过程更加轻松、方便。

- 文档的基本操作
- 输入文本
- 选择文本
- 移动与复制文本
- 查找和替换文本
- 撤消和恢复操作

参见随书光盘

2.1 文档的基本操作

在使用Word 2007创建文档之前，必须掌握文档的一些基本操作，主要包括新建、保存、打开和关闭文档。

2.1.1 新建文档

Word文档是文本、图片等对象的载体，要在文档中进行操作，必须先创建文档。在Word 2007中可以创建空白文档，也可以根据现有的内容创建文档。

空白文档是最常使用的传统的文档。创建空白文档，可单击Office按钮，在弹出的菜单中选择【新建】命令，打开【新建文档】对话框，在【空白文档和最近使用的文档】列表框中选择【空白文档】选项即可。

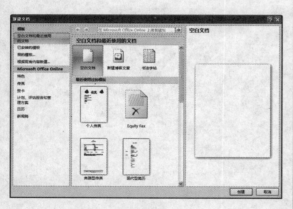

根据现有文档创建新文档，可将选择的文档以副本方式在一个新的文档中打开，这时就可以在新的文档中编辑文档的副本，而不会影响到原有的文档。

【例2-1】根据已有的文档"食疗保健歌"新建一篇文档。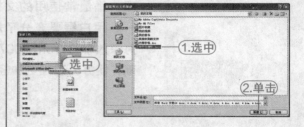视频+素材

①1 启动Word 2007，单击Office按钮，在弹出的菜单中选择【新建】命令，打开【新建文档】对话框，在【模板】列表框中选择【根据现有内容新建】选项。

①2 打开【根据现有内容新建】对话框，选择【食疗保健歌】文档，单击【新建】按钮。

> **专家指点**
>
> 在【新建文档】对话框的【空白和最近使用的文档】列表框中选择【书法字帖】选项，单击【创建】按钮，可以创建书法字帖文档。

①3 此时，Word 2007自动新建一个文档，其中的内容为所选的"食疗保健歌"的内容。

> **注意事项**
>
> 在Word 2007中，按Ctrl+N组合键同样可以建新文档，新建的文档名为"文档1"，如果继续新建，Word自动以"文档2"、"文档3"、"文档4"命名。

2.1.2 保存文档

新建Word文档或正在编辑某个文档时，如果出现了电脑突然死机、停电等非正常关闭的情况，文档中的信息就会丢失，因此为

了保护劳动成果，保存文档是十分重要的。

在Word 2007中，保存文档的方式有以下几种：

🔷 保存新建的文档：单击Office按钮🔘，在弹出的菜单中选择【保存】命令，或单击快速访问工具栏上的【保存】按钮🔲，在打开的【另存为】对话框中，设置保存路径、名称及保存格式即可。

🔷 保存已保存过的文档：单击Office按钮🔘，在弹出的菜单中选择【保存】命令，或单击快速访问工具栏上的【保存】按钮🔲，就可以按照原有的路径、名称以及格式进行保存。

🔷 另存为其他文档：单击Office按钮🔘，

在弹出的菜单中选择【另存为】命令，打开【另存为】对话框，在其中设置保存路径、名称及保存格式。

> **○ 专家指点 ○**
>
> 对文档完成所有的操作后，要关闭时，可单击Office按钮🔘，在弹出的菜单中选择【关闭】命令，或单击窗口右上角的【关闭】按钮❌；打开文档是Word的一项最基本的操作，单击Office按钮🔘，在弹出的菜单中选择【打开】命令，打开【打开】对话框，在其中选择文件的位置和所需的文件，单击【打开】按钮即可。

2.2 输入文本

输入文本是编辑Word文档的一项重要操作。大多数文档的主要组成元素都是文本。当新建一个Word文档后，在文档的开始位置将出现一个闪烁的光标，称为"插入点"，在Word中输入的任何文本（如数字、文字、日期和时间等）都会在插入点处出现。

2.2.1 输入普通文本

一般情况下，普通文本分为英文和中文两种。其输入方法类似，新建文档后，将插入点定位到需要输入文本的位置，然后选择一种输入法即可开始文本的输入。

在普通文本的输入过程中，Word 2007将遵循以下原则：

🔷 按下Enter键，将在插入点的下一行处重新创建一个新的段落，并在上一个段落的结束处显示"↵"符号。

🔷 按下空格键，将在插入点的左侧插入一个空格符号，它的大小将根据当前输入法的全半角状态而定。

🔷 按下Back Space键，将删除插入点左侧的一个字符。

🔷 按下Delete键，将删除插入点右侧的一个字符。

2.2.2 输入特殊符号

在文档输入中通常不只有中文或英文字符，在很多情况下还需要插入一些符号，例如希腊字母、商标符号、图形符号和数字符号等，这时仅通过键盘是无法输入这些符号的。Word 2007提供的插入符号以及插入特殊符号功能，不仅可以在文档中插入各种符号，还可以插入一些特殊的字符。

启动Word 2007应用程序后，打开【插入】选项卡，在【符号】组中单击【符号】按钮，在弹出的菜单中选择【其他符号】命令，打开【符号】对话框的【符号】选项卡，在其中选择要插入的符号，单击【插入】按钮，即可插入符号。

另外，打开【符号】对话框的【特殊字符】选项卡，在其中选中要插入的字符，单击【插入】按钮，可以插入特殊的字符。

2.2.3 输入日期和时间

在使用Word 2007编辑文档时，若要输入当前的日期和时间，可以使用插入日期和时间功能来输入，打开【插入】选项卡，在【文本】组中单击【日期和时间】按钮，打开【日期和时间】对话框，选择一种日期和时间格式后，单击【确定】按钮，自动在文档中创建日期和时间。

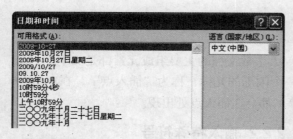

○ 专家指点 ○

Word 2007还提供自动插入当前日期功能，当用户输入日期的前一部分后，Word会自动显示完整的日期，此时按Enter键接受该日期或继续输入忽略该日期。

【例2-2】在Word 2007中，创建文档"多媒体教案支持"，并输入文本。●视频+●素材

① 启动Word 2007应用程序，系统自动新建一个名为"文档1"的文档，单击快速访问工具栏中的【保存】按钮，打开【另存为】对话框，将其命名为"多媒体教案支持"进行保存。

② 单击Windows任务栏上的输入法图标，在弹出的菜单中选择需要的输入法，如搜狗拼音输入法。

③ 在插入点处直接输入文字"多媒体教案支持"，然后按Home键，将插入点移至该行的行首，按空格键，将文本"多媒体教案支持"移至该行的中间位置。

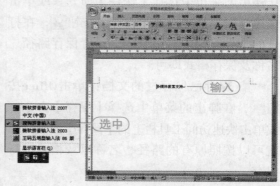

④ 按End键，将插入点移至该行的末尾，然后再按Enter键，插入点跳至下一行的中间位置。

⑤ 按Backspace键，将插入点移至该行的行首，继续输入中文或数字文本。

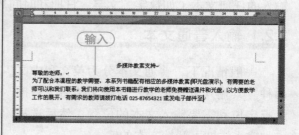

⑥ 当输入英文时，单击Windows任务栏上的输入法图标，在弹出的快捷菜单中选择【中文(中国)】命令，切换到英文状态下，按键盘上对应的键输入，如需输入常用符号如"@"，则按Shift+2组合键。

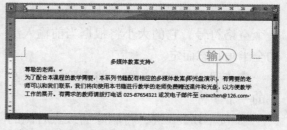

⑦ 使用同样的方法，继续输入中文文本。

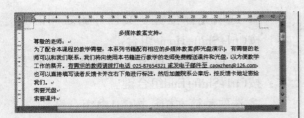

08 将插入点移动到文本"索要光盘"前，打开【插入】选项卡，在【符号】组中单击【符号】按钮，在弹出的菜单中选择【其他符号】命令，打开【符号】对话框。

09 选择需要插入的符号，单击【插入】按钮，将符号插入到当前光标所在的位置。

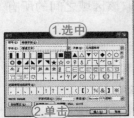

10 使用同样的方法，在文本"索要课件"前插入框号。

11 将光标置于当前文档末尾，按下Enter键换行，然后按空格键将插入点移动到合适的位置，输入文本"2009年"，此时自动显示日期。

2009年10月27日星期二 （按 Enter 插入）
2009 年|

12 按Enter键，自动输入时间，单击快速访问工具栏中的【保存】按钮，保存该文档。

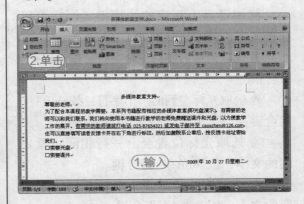

专家指点

在一些特殊的文档中，有时需要输入繁体字，而使用一般的输入法是无法输入繁体字的。Word 2007则提供了繁体字转换功能，打开要转换为繁体字的文档，按Ctrl+A快捷键选取所有的文本，打开【审阅】选项卡，在【中文简繁转换】组中单击【简转繁】按钮 繁 简转繁 即可。

2.3 选择文本

在编辑文本之前，首先必须选取文本。选取文本既可以使用鼠标，也可以使用键盘，还可以结合鼠标和键盘进行选取。

2.3.1 使用鼠标选择文本

鼠标可以轻松地改变插入点的位置，因此使用鼠标选择文本十分方便。

拖动选取：将鼠标指针定位在起始位置，再按住鼠标左键不放，向目的位置移动鼠标光标选取文本。

单击选取：将鼠标光标移到要选定行的左侧空白处，当鼠标光标变成形状时，单击鼠标左键即可选取该行的文本内容。

双击选取：将鼠标光标移到文本编辑区左侧，当鼠标光标变成形状时，双击鼠标左键，即可选取该段的文本内容；将鼠标光标定位到词组中间或左侧，双击鼠标左键即可选取该单字或词。

三击选取：将鼠标光标定位到要选

取的段落中，三击鼠标左键可选中该段的所有文本内容；将鼠标光标移到文档左侧空白处，当鼠标变成↗形状时，三击鼠标左键即可选中文档中所有内容。

2.3.2 使用键盘选择文本

使用键盘上相应的快捷键，同样可以选择文本。其方法分别如下：

🔹 选取光标右侧的一个字符：按Shift+→组合键。

🔹 选取光标左侧的一个字符：按Shift+←组合键。

🔹 选取光标位置至上一行相同位置之间的文本：按 Shift+↑组合键。

🔹 选取光标位置至下一行相同位置之间的文本：按Shift+↓组合键。

🔹 选取光标位置至行首：按Shift+Home组合键。

🔹 选取光标位置至行尾：按Shift+End组合键。

🔹 选取光标位置至下一屏之间的文本：按Shift+PageDown组合键。

🔹 选取光标位置至上一屏之间的文本：按Shift+PageUp组合键。

🔹 选取光标位置至文档开始之间的文本：按Ctrl+Shift+Home组合键。

🔹 选取光标位置至文档结尾之间的文本：按Ctrl+Shift+End组合键。

🔹 选取整篇文档：按Ctrl+A组合键。

2.3.3 使用鼠标键盘结合选择文本

使用鼠标和键盘结合的方式不仅可以选择连续的文本，也可以选择不连续的文本。

🔹 选取连续的较长文本：将插入点定位到要选取区域的开始位置，按住Shift键不放，再移动鼠标光标至要选取区域的结尾处，单击鼠标，即可选取该区域之间的所有文本内容。

🔹 选取不连续文本：选取任意一段文本，按住Ctrl键，再拖动鼠标选取其他文本，即可同时选取多段不连续的文本。

🔹 选取整篇文档：按住Ctrl键不放，将鼠标光标移到文本编辑区左侧空白处，当鼠标光标变成↗形状时，单击鼠标左键即可选取整篇文档。

🔹 选取矩形文本：将插入点定位到开始位置，按住Alt键不放，再拖动鼠标即可选取矩形文本。

2.4 移动与复制文本

在编辑文档的过程中，经常需要将一些重复的文本进行复制以节省输入时间，或将一些位置不正确的文本从一个位置移到另一个位置。

2.4.1 复制文本

在文档中经常需要重复输入文本时，可以使用复制文本的方法进行操作以节省时间，加快输入和编辑的速度。

🔹 选择需要复制的文本，按Ctrl+C快捷键，然后在目标位置处按Ctrl+V快捷键来实现复制操作。

🔹 选择需要复制的文本，在【开始】选项卡的【剪贴板】组中，单击【复制】按钮🖻，然后在目标位置处，单击【粘贴】按钮🖻。

🔹 选择需要复制的文本，按下鼠标右键拖动至目标位置，松开鼠标后弹出一个快捷菜单，选择【复制到此位置】命令。

🔹 选择需要复制的文本后，右击，在

弹出的快捷菜单中选择【复制】命令，然后在目标位置处右击，在弹出的快捷菜单中选择【粘贴】命令。

2.4.2 移动文本

在对文本进行编辑时，有时需要移动某些文本的位置。移动的方法与复制的方法类似，只是移动文本后，原位置的文本消失，复制文本后原位置的文本还在。

❖ 选择需要移动的文本，按Shift+Delete或Ctrl+X组合键，然后在目标位置处按Ctrl+V快捷键键来实现移动操作。

❖ 选择需要移动的文本，在【开始】选项卡的【剪贴板】组中，单击【剪切】按钮，然后在目标位置处，单击【粘贴】按钮。

❖ 选择需要移动的文本，按下鼠标右键拖动至目标位置，松开鼠标后弹出一个快捷菜单，选择【移动到此位置】命令。

❖ 选择需要移动的文本后，右击，在弹出的快捷菜单中选择【剪切】命令，然后在目标位置处右击，在弹出的快捷菜单中选择【粘贴】命令。

❖ 选择需要移动的文本后，按下鼠标左键不放，此时鼠标光标变为形状，并出现一条虚线，移动鼠标光标，当虚线移动到目标位置时，释放鼠标即可将选取的文本移动到该处。

专家指点

在输入文本后，如发现有多余的文本，可将其删除。有以下几种删除文本的方法：按Backspace键删除光标左侧的文本；按Delete键删除光标右侧的文本；选择需要删除的文本，在【开始】选项卡的【剪贴板】组中，单击【剪切】按钮。

2.5　查找和替换文本

在文档中查找某一个特定内容，或在查找到特定内容后将其替换为其他内容，可以说是一项费时费力又容易出错的工作。Word 2007提供的文本查找与替换功能，使用户可以非常轻松、快捷地完成文本的查找与替换操作。

【例2-3】在文档"多媒体教案支持"中查找段落标记，将"教师"替换为"老师"。◆视频+◆素材

01 启动Word 2007应用程序，打开"多媒体教案支持"文档。

02 打开【开始】选项卡，在【编辑】组中单击【查找】按钮，打开【查找与替换】对话框中的【查找】选项卡，然后单击【更多】按钮，展开所有的选项。

03 单击【特殊格式】按钮，从弹出的快捷菜单中选择【段落标记】命令，此时在【查找内容】文本框中显示段落标记符号，然后单击【查找下一处】按钮。

04 此时光标将定位在第一个查找目标处，单击若干次，可依次查找到段落标记。

05 查找结束后，将打开提示对话框，提示用户查找结束，单击【确定】按钮，关闭对话框。

06 打开【替换】选项卡，在【查找内容】文本框中输入"教师"，在【替换为】文本框中输入"老师"，单击【查找下一

处】按钮，此时在文档窗口中，光标将定位到找到的第1处文本。

⑦ 单击【替换】按钮，可以完成替换操作，此时系统自动打开提示对话框，单击【是】按钮。

⑧ 替换完成后，系统自动打开提示框，单击【确定】按钮。

⑨ 返回至【查找和替换】对话框，单击【关闭】按钮，返回至文档窗口。

⑩ 单击快捷访问工具栏中的【保存】按钮，保存修改过的"多媒体教案支持"文档。

2.6 撤消和恢复操作

编辑文档时，Word 2007会自动记录最近执行的操作，因此当操作错误时，可以通过撤消功能将错误操作撤消。如果误撤消了某些操作，还可以使用恢复操作将其恢复。

2.6.1 撤消操作

在输入和编辑文档时，Word 2007会自动记录最新操作和刚执行过的命令，利用这种存储动作的功能可以实现撤消错误操作。

常用的撤消操作主要有以下两种：

　在快速访问工具栏中单击【撤消】按钮，撤消上一次的操作。单击按钮右侧的下拉箭头，可以在弹出列表中选择要撤消的操作。

　按Ctrl+Z快捷键，可撤消最近的操作。

2.6.2 恢复操作

恢复操作用来还原撤消操作，恢复撤消以前的文档。

与撤消操作对应，常用的恢复操作主要有以下两种：

　在快速访问工具栏中单击【恢复】按钮，恢复操作。

　按Ctrl+Y快捷键，可恢复最近的撤消操作。

Chapter

03

Word文档排版

在Word文档中，文字是组成段落的最基本内容，输入完文本内容，还可对其进行排版操作，而设置文本样式是实现文档快速排版的有效操作。掌握设置文字格式与文本样式的方法后，即可创建层次分明、结构清晰的文档。

- 设置字符格式
- 设置段落格式
- 设置项目符号和编号
- 设置边框和底纹
- 使用样式和模板
- 应用特殊排版方式
- 查阅Word文档

 参见随书光盘

3.1 设置字符格式

在Word文档中，字符的格式是指文本的外观，包括字体样式、字号、颜色等。默认输入的文字为五号宋体黑色。为了使文档更加美观、条理更加清晰，通常需要对字符进行格式化操作。常用设置字符格式的方法有3种：通过浮动工具栏、【字体】对话框和功能区设置。

3.1.1 通过功能区设置

在功能区中打开【开始】选项卡，使用【字体】组中提供的按钮即可设置文字格式。

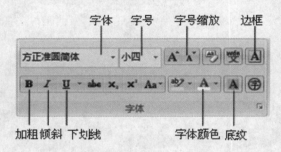

设置文字格式包括设置字体、字号、字体颜色、字形、字体效果和字符间距等。

💠 设置字体。字体是指文字的外观，Word 2007提供了多种可用的字体。单击【字体】右侧的 按钮，从弹出的下拉列表框中选择不同的字体选项即可。

💠 设置字号。字号是指文字的大小，设置字号的方法与设置字体的方法类似。

💠 设置字体颜色。单击【字体颜色】按钮右侧的下拉箭头 ，在弹出的菜单中选择需要的颜色命令。

💠 设置字形。字形是指文字的一些特殊外观，例如加粗、倾斜、下划线等。单击相应的按钮，应用字形。

💠 设置字体效果。字体效果包括字符边框、上标、下标、阴影等。单击相应的按钮，即可应用对应的效果。

⭕ 注意事项 ⭕

在设置字符格式前，应选中文本；若未选中，则在当前插入点处输入文本，应用该格式。

3.1.2 通过浮动工具栏设置

通过浮动工具栏设置字符格式是最常用的方法，浮动工具栏也是Word的新增功能。通过它可快速设置字符格式。

选中要设置格式的文字，此时选中文字区域的右上角将出现浮动工具栏，单击相应按钮或在下拉列表框中选择所需的选项，即可设置所需的字符格式。

3.1.3 通过对话框设置

打开【开始】选项卡，在【字体】组中单击【字体】对话框启动器 ，打开【字体】对话框即可设置。其中【字体】选项卡可以设置字体、字形、字号等，【字符间距】选项卡可以调整文字之间的间隔距离。

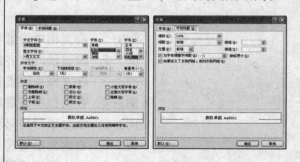

【例3-1】创建文档"酒店广告宣传单"，并设置文字格式。 🎬视频+📁素材

⓵ 启动Word 2007，新建一个文档，将其命名为"酒店广告宣传单"，并输入文本。

⓶ 选取标题"戴斯国际酒店成就美食新

地标"，打开【开始】选项卡，在【字体】组的【字体】下拉表框中选择【华文新魏】选项，在【字号】下拉列表框中选择【一号】选项，单击【字体颜色】后面的三角按钮 ，在弹出的调色板中选择【红色】色块。

03 选取文本"10月28日福建美食节盛大开幕"，此时在文字右上角将显示浮动工具栏，在【字体】下拉列表框中选择【华文新魏】选项，在【字号】下拉列表框中选择【四号】选项。

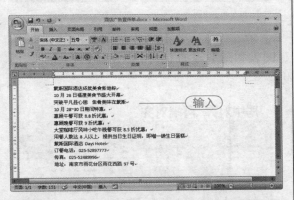

04 选取文本"突破平凡显心思　佳肴美味在戴斯"，设置字体为黑体，字号为三号，字形为倾斜。

05 选取文本"10月28~30日期间特惠："，在【开始】选项卡的【字体】组中，单击【字体】对话框启动器，打开【字体】对话框的【字体】选项卡。

06 在【字号】列表框中选择【小三】选项；单击【字体颜色】下拉按钮，从弹出的颜色面板中选择【红色】色块；单击【下划线线型】下拉按钮，从弹出的列表中选择一种下划线，单击【确定】按钮，完成设置。

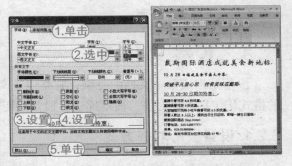

07 选取中间的正文部分，单击【字体】对话框启动器，打开【字体】选项卡，在【字号】列表框中选择【小四】选项，在【效果】选项区域中选中【阴影】复选框，然后单击【确定】按钮，完成设置。

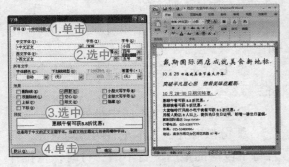

08 选取文本"戴斯国际酒店Days Hotel"，设置字体为黑体，字号为小四。

09 单击【字体】对话框启动器，打开【字体】对话框的【字符间距】选项卡，在【间距】下拉列表框中选择【加宽】选项，在其后的【磅值】微调框中输入"3磅"，然后单击【确定】按钮，完成设置。

10 单击快速访问工具栏上的【保存】按钮，保存"酒店广告宣传单"文档。

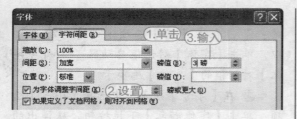

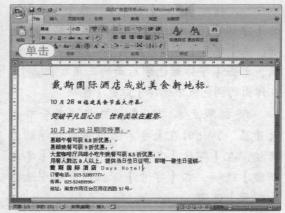

◀━ 专家指点 ━▶

按Ctrl+I组合键可以将选中的文本设置为倾斜字形；按Ctrl+Shift+B组合键可以将选中的文本设置为加粗字形。

3.2 设置段落格式

段落是构成整个文档的骨架，它是由正文、图表和图形等加上一个段落标记构成。段落的格式化包括段落对齐、段落缩进、段落间距设置等。

3.2.1 设置段落对齐方式

段落对齐指文档边缘的对齐方式，包括两端对齐、居中对齐、左对齐、右对齐和分散对齐。

🔷 两端对齐：默认设置，两端对齐时文本左右两端均对齐，但是段落最后不满一行的文字右边是不对齐的。

🔷 左对齐：文本左边对齐，右边参差不齐。

🔷 右对齐：文本右边对齐，左边参差不齐。

🔷 居中对齐：文本居中排列。

🔷 分散对齐：文本左右两边均对齐，而且每个段落的最后一行不满一行时，将拉开字符间距使该行均匀分布。

打开【开始】选项卡，使用【段落】组中提供的按钮，即可设置段落对齐方式。

◀━ 专家指点 ━▶

按Ctrl+E组合键可以设置选中的段落为居中对齐；按Ctrl+R组合键可以设置选中的段落为右对齐；按Ctrl+J组合键可以设置选中的段落为两端对齐。

3.2.2 设置段落缩进

段落缩进是指段落中的文本与页边距之间的距离。Word 2007中共有4种格式：左缩进、右缩进、悬挂缩进和首行缩进。

🔷 左缩进：整个段落左边界的缩进位置。

🔷 右缩进：整个段落右边界的缩进位置。

🔷 悬挂缩进：段落中除首行以外的其他行的起始位置。

🔷 首行缩进：段落中首行的起始位置。

使用【段落】对话框可以准确地设置缩进尺寸。打开【开始】选项卡，在【段落】组中单击【段落】对话框启动器，打开【段落】对话框，在【缩进和间距】选项卡中进行设置。

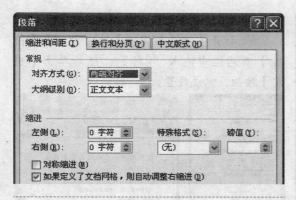

【例3-2】在文档"酒店广告宣传单"中，设置对齐方式和段落缩进。📹视频+📁素材

01 启动Word 2007，打开"酒店广告宣传单"文档。

02 选取标题"戴斯国际酒店成就美食新地标"，在【开始】选项卡的【段落】组中单击【居中】按钮▬，将其设置为居中对齐。

03 选取文本"10月28日福建美食节盛大开幕"，在【开始】选项卡的【段落】组中单击【右对齐】按钮▬，设置右对齐。

04 选取第3段文字，在【段落】组中单击【段落】对话框启动器🔲，打开【段落】对话框的【缩进和间距】选项卡，在【缩进】选项区域的【特殊格式】下拉列表框中选择【首行缩进】选项，在【磅值】微调框中输入"2字符"，然后单击【确定】按钮，完成段落缩进的设置。

◆专家指点◆

通过水平标尺可以快速设置段落缩进。方法很简单，拖动水平标尺上的首行缩进、悬挂缩进、左缩进和右缩进4个滑杆即可。

3.2.3 设置段落间距

段落间距的设置包括文档行间距与段间距的设置。所谓行间距是指段落中行与行之间的距离；所谓段间距，就是指前后相邻的段落之间的距离。

1. 设置行间距

行间距决定段落中各行文本之间的垂直距离。Word 2007中默认的行间距值是单倍行距，可以根据需要重新设置。

【例3-3】在文档"酒店广告宣传单"中，将第3~6段文本设为1.5倍行距，最后3段设为固定值18磅行距。📹视频+📁素材

01 启动Word 2007，打开"酒店广告宣传单"文档。

02 选取第3~6段文本，在【开始】选项卡的【段落】组中，单击【段落】对话框启动器🔲，打开【段落】对话框。

03 打开【缩进和间距】选项卡，在【行距】下拉列表框中选择【1.5倍行距】选项，然后单击【确定】按钮，完成设置。

⓸ 使用相同的方法，设置最后3段文本的行间距为固定值20。

⓹ 单击快速访问工具栏上的【保存】按钮，保存修改过的"酒店广告宣传单"文档。

2. 设置段间距

段间距决定段落前后空白距离的大小。在Word 2007中，用户同样可以根据需要重新设置段落间距。

【例3-4】在文档"酒店广告宣传单"中，将标题段落的段后距设为2行，将倒数第4行的段前、后距各设为1行。

⓵ 启动Word 2007，打开"酒店广告宣传单"文档。

⓶ 将插入点定位在标题段，打开【开始】选项卡，单击【段落】组中的对话框启动器，打开【段落】对话框。

⓷ 打开【缩进和间距】选项卡，在【段后】微调框中输入"2行"，然后单击【确定】按钮，完成设置。

⓸ 使用相同的方法，设置倒数第4段文本的段前距和段后距都为"1行"，然后单击【保存】按钮，保存文档。

3.3 设置项目符号和编号

使用项目符号和编号列表，可以对文档中并列的项目进行组织，或者将顺序的内容进行编号，以使这些项目的层次结构更清晰、更有条理。Word 2007提供了7种标准的项目符号和编号，并且允许用户自定义项目符号和编号。

3.3.1 添加项目符号和编号

Word 2007提供了自动添加项目符号和编号的功能。在以"1."、"（1）"、"a"等字符开始的段落中按Enter键，下一段开始将会自动出现"2."、"（2）"、"b"等字符。

另外，也可以在输入文本之后，选中要添加项目符号或编号的段落，在【开始】选项卡的【段落】组中，单击【项目符号】按钮 ≡·将自动在每段前面添加项目符号；单击【项目编号】按钮 ≡·将以"1."、"2."、"3."的形式编号。

【例3-5】在文档"酒店广告宣传单"中，添加项目符号和编号。

⓵ 启动Word 2007，打开"酒店广告宣传单"文档。

02 选中文本"特惠"段下的4段文字，在【开始】选项卡的【段落】组中，单击【项目符号】按钮 三 右侧的下拉箭头，在弹出的菜单中选择一种项目符号，即可为文本添加项目符号。

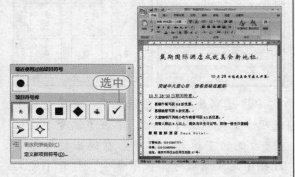

03 选中最后3段文本，在【段落】组中单击【编号】按钮 三 右侧的下拉箭头，在弹出的菜单中选择一种编号样式，即可为文本添加编号。

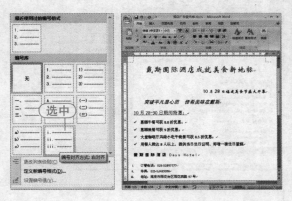

04 单击快速访问工具栏上的【保存】按钮，保存"酒店广告宣传单"文档。

◎ 注意事项 ◎

用户也可以使用格式刷为段落继续编号，具体方法为：选中已添加编号的段落，在【开始】选项卡的【剪贴板】组中单击【格式刷】按钮 ，然后在要应用编号的段落单击鼠标即可。而单击一次【格式刷】按钮，可以复制一次格式，如果双击该按钮，可以连续复制格式。

3.3.2 自定义项目符号和编号

在Word 2007中，除了可以使用提供的7种项目符号和编号之外，还可以自定义项目符号样式和编号。

1. 自定义项目符号

选取带项目符号的段落，打开【开始】选项卡，在【段落】组中单击【项目符号】按钮 三 后面的三角按钮，在弹出的菜单中选择【定义新项目符号】命令，打开【定义新项目符号】对话框，在其中进行自定义项目符号操作。

在该对话框中各选项的功能如下所示。

◆ 【符号】按钮：单击该按钮，打开【符号】对话框，可从中选择合适的符号作为项目符号。

◆ 【图片】按钮：单击该按钮，打开【图片项目符号】对话框，可从中选择合适的图片符号作为项目符号，也可以单击【导入】按钮，导入一个图片作为项目符号。这里导入的图片只支持BMP、JPEG、TIF等几种最常用的格式。

◆ 【字体】按钮：单击该按钮，打开【字体】对话框，可用于设置项目符号的字体格式。

【对齐方式】下拉列表框：提供了左对齐、居中和右对齐3种选项供用户选择。

【预览】框：可以预览用户设置的项目符号的效果。

2. 自定义编号

自定义编号与自定义项目符号的方法类似。选择需要改变编号的段落，打开【开始】选项卡，在【段落】组中单击【编号】按钮右侧的下拉箭头，然后在弹出的菜单中选择【定义新编号格式】命令，打开【定义新编号格式】对话框。在【编号样式】下拉列表框中选择编号的样式，在【编号格式】文本框中输入起始的编号即可。

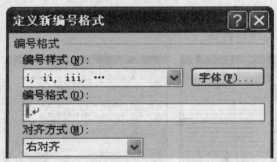

【例3-6】在文档"酒店广告宣传单"中，自定义项目符号和编号。

01 启动Word 2007，打开"酒店广告宣传单"文档。

02 选取带有项目符号✓段落文本，在【开始】选项卡的【段落】组中，单击【项目符号】按钮右侧的下拉箭头，在弹出的菜单中选择【定义新项目符号】命令，打开【定义新项目符号】对话框。

03 单击【图片】按钮，打开【图片项目符号】对话框，选择一种箭头图片，单击【确定】按钮。

04 返回至【定义新项目符号】对话框，在【预览】框中显示图片项目符号的样式后，单击【确定】按钮，应用自定义的项目符号。

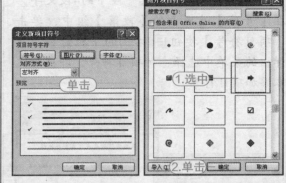

05 选取最后编号段落文本，在【开始】选项卡的【段落】组中，单击【编号】按钮右侧的下拉箭头，然后在弹出的菜单中选择【定义新编号格式】命令，打开【定义新编号格式】对话框。

06 在【编号样式】下拉列表框中选择一种编号样式，单击【确定】按钮，完成设置。

专家指点

如果要结束自动创建项目符号或编号，可以连续按Enter键两次，也可以按Back Space键删除刚刚创建的项目符号或编号。

3.4 设置边框和底纹

使用Word编辑文档时，为了让文档更加吸引人，需要为文字和段落添加边框和底纹，来增加文档的生动性。

3.4.1 设置段落边框

添加段落边框可以使段落板块化。要设置段落边框，可以在【开始】选项卡的【段落】组中，单击【下框线】按钮 右侧的下拉按钮，在弹出的菜单中选择【边框和底纹】命令，打开【边框和底纹】对话框。

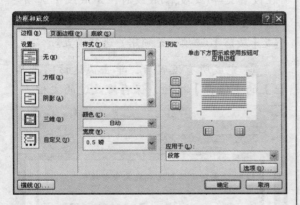

在【设置】选项区域中有5种边框样式，从中可选择所需的样式；在【样式】列表框中列了各种不同的线条样式，从中可选择所需的线型；在【颜色】和【宽度】下拉列表框中可以为边框设置所需的颜色和相应的宽度；在【应用于】下拉列表框中，可以设定边框应用的对象是文字或段落。

○ 专家指点 ○

进行边框设置时，若要删除文档一侧的边框(如左边框)，可在【预览】选项区域中单击左边框按钮；若要删除所有的边框，可在【设置】选项区域中选择【无】选项。

3.4.2 设置页面边框

除了可以为段落设置边框外，还可以为整篇文档设置页面边框。要对页面进行边框设置，只需在【边框和底纹】对话框中打开【页面边框】选项卡，其设置基本上与【边框】选项卡相同，只是多了一个【艺术型】下拉列表框，通过该列表框可以定义页面的边框。

【例3-7】在文档"酒店广告宣传单"中，设置页面边框。 ◆视频+◎素材

01 启动Word 2007，打开"酒店广告宣传单"文档。

02 打开【开始】选项卡，在【段落】组中单击【下框线】按钮 右侧的下拉箭头，从弹出的菜单中选择【边框和底纹】命令，打开【边框和底纹】对话框。

03 打开【页面边框】选项卡，在【设置】选项区域中选择【方框】选项，在【艺术型】下拉表框中选择艺术型样式，在【宽度】微调框中输入"10磅"。

04 单击【确定】按钮，完成页面边框的设置，然后按Ctrl+S快捷键，保存文档。

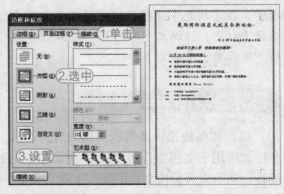

○ 专家指点 ○

在Word 2007中，打开【页面布局】选项卡，在【页面背景】组中单击【页面边框】按钮，也可以打开【边框和底纹】对话框。

3.4.3 设置底纹

在Word文档中，设置底纹主要包括设置文字、段落和整篇文档的底纹。但它们的设置方法都类似，只需在【边框和底纹】对话框中，打开【底纹】选项卡，对填充的颜色和图案等进行设置即可。

【例3-8】在文档"酒店广告宣传单"中，为部分文本和段落设置底纹。◇视频+◇素材

01 启动Word 2007，打开"酒店广告宣传单"文档。

02 选取副标题文本中的"美食节"文字，在【开始】选项卡的【段落】组中，单击【下框线】按钮 右侧的下拉箭头，从弹出的菜单中选择【边框和底纹】命令，打开【边框和底纹】对话框。

03 打开【底纹】选项卡，在【图案】选项区域中，单击【样式】下拉按钮，从弹出的列表框中选择【浅色棚架】选项；单击【颜色】下拉按钮，从弹出的颜色面板中选择【蓝色，强调文字颜色1，淡色40%】色块，然后单击【确定】按钮。

04 选取倒数3段文本，打开【底纹】选项卡，在【填充】选择区域中的颜色面板中选择【红色，强调文字颜色2，淡色60%】选项，然后单击【确定】按钮。

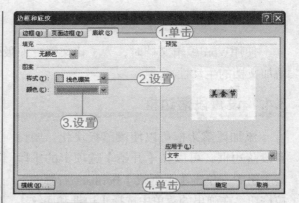

◎ 注意事项 ◎

在设置文字(或段落)底纹时，【底纹】选项卡的【应用于】列表框中自动应用【文字】(或【段落】)选项，无须用户进行设置。

05 完成所有设置后，单击快速访问工具栏上的【保存】按钮，保存修改过的文档。

3.5 使用样式和模板

样式和模板是快速排版文档的有力工具。Word 2007提供了多种默认样式，用户可将这些样式应用于文档中，而模板就是样式的集合，用户可将常用的文档及文档样式设置为一个模板，从而大大加快文档的制作速度。

3.5.1 应用样式

"样式"就是应用于文档中的文本、表格和列表的一套格式特征，它能迅速改变文档的外观。Word 2007内置了多种样式，如标题、副标题、正文等，可以将其应用于文档中。同样，也可以打开已经设置好样式的文档，将其应用于文本中。

【例3-9】在文档"酒店广告宣传单"中，应用内置样式【标题1】和【副标题】。◇视频+◇素材

01 启动Word 2007，打开"酒店广告宣传单"文档。

02 选取标题文本段，在【开始】选项卡的【样式】组中单击【快速样式】按钮，在样式列表中选择【标题1】选项，应用该样式。

03 将鼠标光标定位在副标题文本"10月28日福建美食节盛大开幕"前，使用同样的方法，应用【副标题】样式。

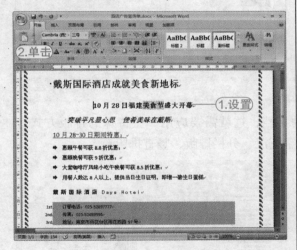

04 单击快速访问工具栏上的【保存】按钮，保存修改过的文档。

如果某些内置样式无法完全满足某组格式设置的要求，则可以在内置样式的基础上进行修改。这时可在【开始】选项卡的【样式】组中，单击启动器，打开【样式】任务窗格，单击样式选项的下拉列表框旁的箭头按钮，在弹出的菜单中选择【修改】命令，打开【修改样式】对话框，在该对话框中更改相应的选项即可。

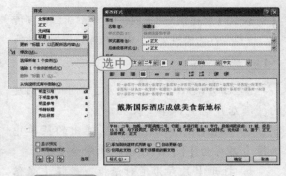

◖ **专家指点** ◗

在【样式】任务窗格中单击【新建样式】按钮，打开【根据格式设置创建新样式】对话框，在该对话框中可以创建新样式，然后将其应用于文档中。

3.5.2 应用模板

模板是一种带有特定格式的扩展名为.dotx的文档，它包括特定的字体格式、段落样式、页面设置、快捷键方案、宏等格式。

Word 2007自带许多模板，通过这些模板可以快速创建特殊的文档。其方法很简单：单击Office按钮，在弹出的菜单中选择【新建】命令，打开【新建文档】对话框，然后在【模板】列表中选择【已安装的模板】选项，此时窗口中将显示已安装的模板，选择一种模板，单击【创建】按钮即可。

另外，如果用户要经常使用一个文档或该文档中的样式，可将其保存为模板，随后即可应用该模板创建文档。下面将以实例介绍将当前文档保存为模板文件，再应用该模板创建文档的方法。

【例3-10】将【例3-8】创建的 "酒店广告宣传单"文档保存为模板文件，然后应用该模板创建新文档。◎视频+◎素材

01 启动Word 2007，打开【例3-8】创建的 "酒店广告宣传单"文档。

02 单击Office按钮，从弹出的菜单中选择【另存为】|【Word模板】命令。

03 打开【另存为】对话框，选择【受信任模板】选项，在【文件名】文本框中输入模板名称，单击【保存】按钮。

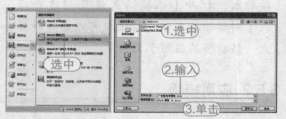

04 关闭并重新启动Word 2007，单击Office按钮，从弹出的菜单中选择【新建】命令，打开【新建文档】对话框，在【模板】栏中选择【我的模板】选项。

05 打开【新建】对话框，在中间的列表框中选择刚创建的 "广告宣传单模板"模板，单击【确定】按钮，即可新建一个文档。

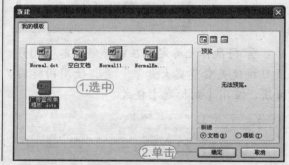

3.6 应用特殊排版方式

一般报刊杂志都需要创建带有特殊效果的文档，这就需要应用一些特殊的排版方式。Word 2007提供了多种特殊的排版方式，例如首字下沉、分栏排版、竖直排版等。

3.6.1 首字下沉

首字下沉是报刊杂志中较为常用的一种文本修饰方式。使用该排版方式，可以让文档中的文字更加醒目。

【例3-11】创建 "酒店简介"文档，并设置第1段首字下沉，字体为楷体。◎视频+◎素材

01 启动Word 2007应用程序，新建一个文档，将其命名为 "酒店简介"，并输入文本。

02 将插入点定位在第1段文本开始处，打开【插入】选项卡，在【文本】组中单击【首字下沉】按钮，从弹出的菜单中选择【首字下沉选项】命令。

03 打开【首字下沉】对话框，选择【下沉】选项，在【字体】下拉列表框中选择【楷体】选项，在【下沉行数】微调框中输入3，然后单击【确定】按钮。

04 此时第1段文本的首字 "南"将以下沉的方式显示。单击快速访问工具栏中的【保存】按钮，保存该文档。

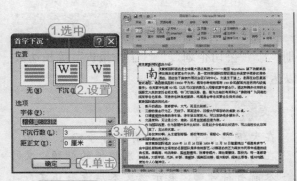

在Word 2007中，首字下沉共有两种方式：一个是普通的下沉，另外一个是悬挂下沉。两种方式区别之处在于："普通下沉"方式设置的下沉字符紧靠其他的文字，而"悬挂"方式设置的字符可以随意地移动位置。

3.6.2 分栏排版

在阅读报刊或杂志时，常常会发现许多页面被分成多个栏目。这些栏目有的是等宽的，有的则不等宽，从而使整个页面布局显得错落有致，更易于阅读。使用Word 2007提供的分栏功能，用户可以把每一栏都作为一节对待，这样就可以对每一栏单独进行格式化和版面设计。

【例3-12】在"酒店简介"文档中，将优点段和活动段文本分栏排版。◎视频+◎素材

① 启动Word 2007应用程序，打开"酒店简介"文档。

② 选取优点段和活动段文本，打开【页面布局】选项卡，在【页面设置】组中，单击【分栏】按钮，在弹出的菜单中选择【更多分栏】命令，打开【分栏】对话框。

③ 在【预设】选项区域中选择【两栏】选项，选中【分隔线】复选框，然后单击【确定】按钮。

④ 在快速访问工具栏中单击【保存】按钮，保存分栏设置。

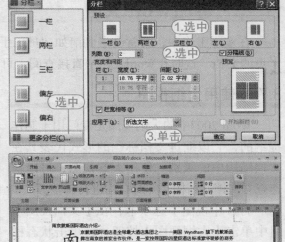

3.6.3 竖直排版

Word 2007默认文本排版方式为水平排版，而竖直排版一般用于古诗词和古文中。因此，掌握文档竖直排版操作是十分必要的。

打开需要设置的文档，打开【页面布局】选项卡，在【页面设置】组中单击【文本方向】按钮，从弹出的下拉菜单中选择【垂直】选项，此时当前文档以竖直排版方式显示。

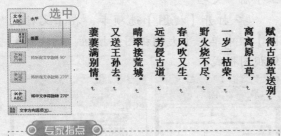

在【文本方向】下拉菜单中选择【文字方向选项】命令，打开【文字方向】对话框，可以设置文本竖排方向。

3.7 查阅Word文档

在实际工作中，常常会遇到诸如"员工手册"、"公司企划"、"工作报告"等长达数十页的文档。这时在Word文档中直接查阅，可以达到省时省力的效果。

3.7.1 使用大纲视图

Word 2007中的大纲视图是专门用于制作提纲的，它以缩进文档标题的形式代表其在文档结构中的级别。使用大纲视图，可以快速查看文档的结构，并对结构进行调整等。

打开【视图】选项卡，在【文档视图】组中单击【大纲视图】按钮，或单击状态栏上的【大纲视图】按钮 ，就可以切换到大纲视图模式。此时，【大纲】选项卡出现在窗口中。

在【大纲工具】组的【显示级别】下拉列表框中选择显示级别；将鼠标指针定位在要展开或折叠的标题中，单击【展开】按钮 或【折叠】按钮 ，可以扩展或折叠大纲标题。

【例3-13】将文档"员工手册"切换到大纲视图查看结构。

01 启动Word 2007应用程序，打开"员工手册"文档。

02 打开【视图】选项卡，在【文档视图】组中单击【大纲视图】按钮，切换到大纲视图模式。

◎ 专家指点 ◎

在大纲视图中，文本前有符号 ，表示在该文本后有正文或级别较低的标题；文本前有符号 ，表示该文本后没有正文或级别较低的标题。

03 在【大纲】选项卡的【大纲工具】组的【显示级别】下拉列表框中选择【显示级别2】选项，此时，视图上只显示到标题2，标题2以后的标题都被折叠。

04 将鼠标指针移至标题2前的符号 处，双击鼠标即可展开其后的下属文本。

05 将鼠标指针移动到文本"第一章 公司简介"前的符号 处，双击鼠标，该标题下的文本被折叠。

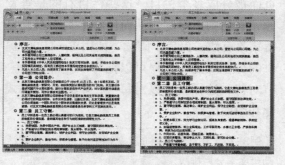

◎ 专家指点 ◎

在【大纲】选项卡的【大纲工具】组中取消选中【显示文本格式】复选框，文档中的所有文本均为正文样式。另外，在【大纲工具】组中单击【提升】按钮 或【降低】按钮 ，对该标题实现层次级别的升或降；如果要将标题降级为正文，可单击【降为"正文文本"】按钮 ；如果移动标题，选择标题内容，在标题上按下并拖动鼠标右键，移到目标位置后释放鼠标，从弹出的菜单中选择【移动到此位置】命令。

3.7.2 查看拼写和语法错误

如果文档中存在错别字、错误的单词或者语法，Word 2007会自动将这些错误内容以波浪线的形式显示出来。通过拼写与语法检查功能，可以手动将其修改正确。Word 2007提供了几种检查并更正英文错误的方法：

🔲 自动更改拼写错误。例如，如果输入accross，在输入空格或其他标点符号后，将自动用across替换accross。

🔲 在行首自动大写：在行首无论输入什么单词，在输入空格或其他标点符号后，该单词将自动把第一个字母改为大写。例如，在行首输入单词about，再输入空格后，该单词就变为About。

🔲 自动添加空格。如果在输入单词时，忘记用空格隔开，Word 2007将自动添加空格。例如，在输入youare后，继续输入，系统自动变成you are。

🔲 提供更改拼写提示。如果在文档中输入一个错误单词，在输入空格后，该单词将被加上红色的波浪形下划线。将插入点定位在该单词中，右击弹出快捷菜单，在该菜单中可选择更改后的单词、忽略错误、添加到词典等命令。

🔲 提供更改语法提示。如果在文档中使用了错误的语法，例如，输入You is a student，单词is将被加上绿色的波浪形下划线。将插入点定位在该单词中，右击弹出快捷菜单，在该菜单中将显示语法建议等信息。

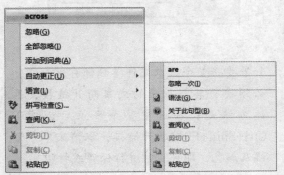

中文拼写与语法检查和英文类似，只是在输入过程中，对出现的错误执行右击后，在弹出的菜单中不会显示相近的字或词。中文拼写与语法检查主要通过【拼写和语法】对话框和标记下划线两种方式来实现。

【例3-14】对文档"员工手册"中出现的拼写和语法错误使用【拼写和语法】对话框进行查看，并对出现的错误进行更改。🔷视频+🔷素材

---

01 启动Word 2007应用程序，打开"员工手册"文档。

02 打开【审阅】选项卡，在【校对】组中单击【拼写和语法】按钮，打开【拼写和语法】对话框。在该对话框中列出了第一句输入错误，并将"兴盛贡献"用绿色标示出来。

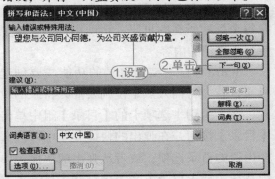

03 将插入点定位在"盛"字右侧，并输入"而"。

04 单击【下一句】按钮，查找下一个错误。在【拼写和语法】对话框中出现了重复错误，并用红色标示出来。

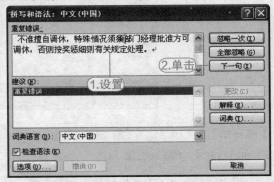

05 将插入点定位在"须须"字右侧，删除一个"须"字。

⑥ 单击【下一句】按钮，继续查找，并使用同样的方法修改拼写和语法错误。

⑦ 检查并修改完毕后，此时打开提示对话框，提示文本中的拼写和语法错误检查已完成，单击【确定】按钮即可。

⑧ 在快速访问工具栏中单击【保存】按钮，保存"员工手册"文档。

3.7.3 制作目录

目录的作用就是要列出文档中各级标题及每个标题所在的页码，帮助用户迅速地了解整个文档的内容。

Word有自动编制目录的功能。要创建目录，首先将插入点定位到要插入目录的位置，在【引用】选项卡的【目录】组中单击【目录】按钮，在弹出的快捷菜单中可以选择内置的目录选项；或者从弹出的快捷菜单中选择【插入目录】命令，打开【目录】对话框，然后在【常规】选项区域的【显示级别】微调框中设置标题级别。

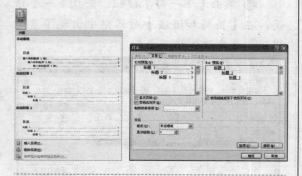

【例3-15】在文档"员工手册"中，创建一个显示2级标题的目录。 视频+素材

① 启动Word 2007应用程序，打开文档"员工手册"，将插入点定位在文档的开始处。

② 打开【引用】选项卡，在【目录】组中单击【目录】按钮，在弹出的菜单中选择【插入目录】命令，打开【目录】对话框。

③ 在【常规】选项区域的【显示级别】微调框中输入2，单击【确定】按钮，系统自动将目录插入到文档中，此时按Ctrl键同时单击某个页码，即可将插入点跳转到该页的标题处。

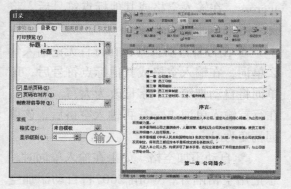

当创建了一个目录以后，如果再次对原文档进行编辑，此时目录中标题和页码都有可能发生变化，因此必须更新目录。选择要更新的目录，在【引用】选项卡的【目录】组中，单击【更新目录】按钮，打开【更新目录】对话框，选中【只更新页码】单选按钮，表示只更新页码，不更新已直接应用于目录的格式，而选中【更新整个目录】单选按钮，表示将更新整个目录。

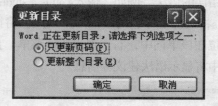

◎ 专家指点 ◎

如果要将整个目录文件单独保存或打印，必须要将其与原来的文本断开链接，具体方法是：在选中整个目录后，按下Ctrl+Shift+F9键断开链接，取消文本下划线及颜色，即可正常进行保存或打印。

中添加批注。

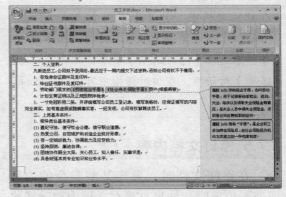

3.7.4 使用批注

批注是指审阅读者给文档内容加上的注解或说明，或者是阐述批注者的观点。在上级审批文件、老师批改作业时非常有用。

将插入点定位在要添加批注的位置或选中要添加批注的文本，打开【审阅】选项卡，在【批注】组中单击【新建批注】按钮，此时Word会自动显示一个红色的批注框，在其中输入内容即可。

【例3-16】 在文档"员工手册"中，添加多个批注，并逐一查看批注。◆视频＋◆素材

01 启动Word 2007应用程序，打开文档"员工手册"。

02 选中"序言"段落中的文本"《中华人民共和国劳动法》"，在【审阅】选项卡的【批注】组中单击【新建批注】按钮，字体自动显示一个红色的批注框。

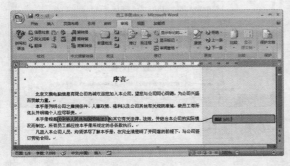

03 在批注框中，输入该批注的正文，如在本例中输入文字"该法于1994年7月5日第八届全国人民代表大会常务委员会第八次会议通过，适用于中华人民共和国境内的企业、个体经济组织(以下统称用人单位)"。

04 使用同样的方法，在其他段落的文本

◇ **专家指点**

在批注文档时，将插入点定位在某个批注后，在【批注】组中单击【删除批注】按钮，从弹出的快捷菜单中选择【删除】命令，即可删除该批注；选择【删除文档中的所有批注】命令，即可删除所有批注。

05 完成批注的添加后，在【审阅】选项卡的【批注】组中单击【上一条批注】按钮，将定位到文档的第一条批注中。

06 在【批注】组中单击【下一条批注】按钮，将定位到文档的第二条批注中，依次单击【下一条批注】按钮，逐个查看文档中的所有批注。

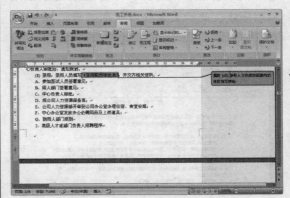

◇ **专家指点**

要隐藏批注，可以在【修订】组中单击【显示标记】按钮，在弹出的菜单中选择【审阅者】|【所有审阅者】命令即可。

在批注文档中，打开【审阅】选项卡，在【修订】组中单击【修订】按钮，在弹出的菜单中选择【修订选项】命令，打开【修订选项】对话框，在该对话框中可以设置批注格式。

3.7.5 修订文档内容

在审阅文档时，发现某些多余的内容或遗漏内容时，如果直接在文档中删除或修改，将不能看到原文档和修改后文档的对比情况。使用Word 2007的修订功能，可以将用户修改过的每项操作以不同的颜色标识出来，方便作者进行查看。

【例3-17】修订【例3-15】中创建的"员工手册"文档。📹视频＋📄素材

⓵ 启动Word 2007应用程序，打开【例3-15】创建的"员工手册"文档。

⓶ 打开【审阅】选项卡，在【修订】组中，单击【修订】按钮，进入修订状态。

⓷ 选择第二章第一行中的"文康电脑信息"文本，按Delete键，即可在该文本上添加删除线，此时文本将以蓝色显示。

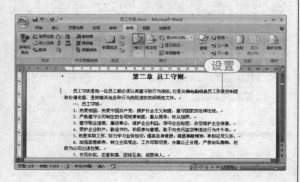

⓸ 将文本插入点定位到第一章需要添加的文本位置，再输入所需的文本，添加的文本下方将显示下划线，此时添加的文本也以蓝色显示。

⓹ 在第一章中选择需要修改的文本"这个团队的"，然后输入文本"他们的"，此时错误的文本将添加删除线，修改后的文本下将显示下划线。

⓺ 修改完成后，在快速访问工具栏上单击【保存】按钮，保存修改过的文档。

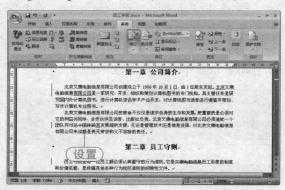

用户可以对修订过的文档效果进行自定义，如将删除的文本以红色显示，方法很简单，在【审阅】选项卡的【修订】组中单击【修订】下的三角按钮，从弹出的菜单中选项【修订选项】命令，打开【修订选项】对话框，然后在【删除内容】右侧的颜色中选择【红色】选项即可。

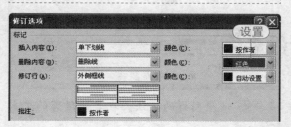

Chapter

04

使用对象美化Word文档

如果一篇文章中都是文字，没有任何修饰性的内容，这样的文档在阅读时不仅缺乏吸引力，而且会使读者阅读起来劳累不堪。在文章中适当地插入一些图形和图片，不仅会使文章、报告显得生动有趣，还能帮助读者更快地理解文章内容。Word 2007具有强大的绘图和图形处理功能。

■ 使用形状丰富文档
■ 使用图片丰富文档
■ 使用艺术字丰富文档
■ 使用文本框丰富文档
■ 使用SmartArt图形丰富文档
■ 使用表格丰富文档

参见随书光盘

4.1 使用形状丰富文档

Word 2007包含一套可以手工绘制图形的工具，例如直线、箭头、流程图、星与旗帜、标注等，这些图形称为自选图形或形状。在文档中添加一个形状或合并多个形状，可生成一个绘图或一个更为复杂的形状，从而使文档内容更加丰富、生动。

4.1.1 绘制形状

Word 2007提供了多种类型的形状，打开【插入】选项卡，在【插图】组中单击【形状】按钮，将弹出形状命令菜单，在弹出的菜单中单击需要的图形工具按钮，拖动鼠标即可在文档中绘制相应的图形。

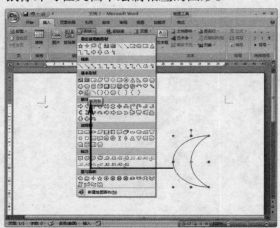

◎ 专家指点

在绘制形状时，按住Shift键的同时拖动鼠标可绘制等比例的图形效果，如正方形、正圆形。

【例4-1】创建文档"天气预报"，绘制新月形、标注、星状等对象。 ❤视频+❤素材

01 启动Word 2007应用程序，打开一个空白文档，将文档以文件名"天气预报"进行保存。

02 打开【插入】选项卡，在【插图】组中单击【形状】按钮，在弹出的菜单中单击【新月形】基本形状命令按钮🌙，拖动鼠标在文档中绘制新月形基本形状。

03 使用同样的方法，在形状菜单中单击

【云形标注】命令按钮☁，在新月形图形右侧绘制一个云形标注图形。

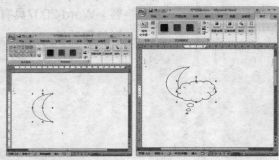

◎ 专家指点

选中形状，在四周有多个蓝色控制点，拖动这些控制点，可以改变形状的长和宽；拖动绿色控制点，可以旋转自选图形。

04 使用同样的方法，在形状菜单中分别单击【十字星】命令按钮✦和【五角星】命令按钮☆，绘制十字星和五角星图形。

◎ 专家指点

绘制完图形后，将鼠标指针放置在图形上并按住Ctrl键拖动，即可在文档中复制出相同的图形。

⑤ 选中新月形图形，将光标放置在图形的黄色控制点上，按住鼠标左键向图形内侧拖动，调整图形形状。

⑥ 在快速访问工具栏中单击【保存】按钮，将绘制的图形保存。

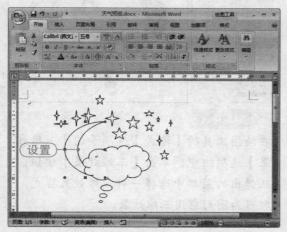

4.1.2 编辑形状

在文档中插入了形状后，将自动激活绘图工具的【格式】选项卡，可对插入的形状进行编辑，如添加文字、设置样式、阴影效果和三维效果等。

【例4-2】在文档"天气预报"中，编辑绘制的自选图形。 📹视频+📄素材

① 启动Word 2007应用程序，打开"天气预报"文档。

② 选中新月形图形，在【格式】选项卡的【形状样式】组中单击【形状填充】按钮右侧的下拉按钮 🎨，在弹出的菜单中选择所需的填充颜色，为新月形图形设置填充颜色。

③ 单击【形状填充】按钮右侧的下拉按钮，从弹出的菜单中选择【渐变】|【角部辐射】命令，此时，即可将新月形图形填充颜色设置为渐变效果。

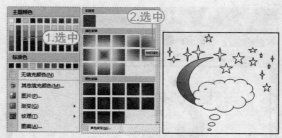

④ 选中云形标注图形，在【格式】选项卡的【文本框样式】组中，单击样式右下角的【其他】按钮 ▼，从弹出的列表框中选择一种样式，即可为图形应用该样式。

⑤ 按Ctrl键，选中所有的星形图形，在【格式】选项卡的【形状样式】组中，单击【形状填充】按钮右侧的下拉按钮，从弹出的菜单中选择【渐变】|【其他渐变】命令，打开【填充效果】对话框。

⑥ 切换至【渐变】选项卡，选中【双色】单选按钮，在右侧的颜色下拉列表框中选择所需的颜色，在【底纹样式】选项区域中选中【中心辐射】单选按钮，单击【确定】按钮，即可为星形应用填充色。

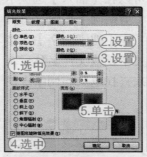

⑦ 按住Ctrl键同时选中多个图形，在【格式】选项卡的【排列】组中单击【组合】按钮 🔲，在弹出的菜单中选择【组合】命令，此时多个图形将合并为一个对象。

专家指点

在绘图工具的【格式】选项卡的【三维效果】选项组中，单击【三维效果】按钮，从弹出的菜单中选择一种三维效果样式，即可为图形应用三维效果。

08 选中组合的对象，在【格式】选项卡的【阴影效果】组中单击【阴影效果】按钮，在弹出的菜单中选择【阴影样式16】命令，此时为图形应用阴影效果。

09 在快速访问工具栏中单击【保存】按钮，将修改后的文档保存。

4.2 使用图片丰富文档

为了使文档更加美观、生动，可以在其中插入图片对象。在Word 2007中，不仅可以插入系统提供的图片，还可以从其他程序或位置导入图片，或者从扫描仪或数码相机中直接获取图片。

4.2.1 插入剪贴画

Word 2007所附带的剪贴画库内容非常丰富，从地图到人物、从建筑到名胜风景，应有尽有，设计精美、构思巧妙，并且能够表达不同的主题。

要插入剪贴画，可以在【插入】选项卡的【插图】组中单击【剪贴画】按钮，打开【剪贴画】任务窗格。在【搜索文字】文本框中输入剪贴画的相关主题或文件名称后，单击【搜索】按钮，来查找电脑与网络上的剪贴画文件。

专家指点

在【搜索范围】下拉列表框中选择相关选项可以缩小搜索的范围，将搜索结果限制为剪辑的特定集合；在【结果类型】下拉列表框中选择选项可以将搜索的结果限制为特定的媒体文件类型。

【例4-3】在文档"天气预报"中，插入有关于时间的剪贴画。 ◎视频＋◎素材

01 启动Word 2007应用程序，打开"天气预报"文档，将插入点定位到需要插入剪贴画的位置。

02 打开【插入】选项卡，在【插图】组中单击【剪贴画】按钮，打开【剪贴画】任务窗格。

03 在【搜索文字】文本框中输入剪贴画的相关主题"时间"，然后单击【搜索】按钮，搜索剪贴画文件。

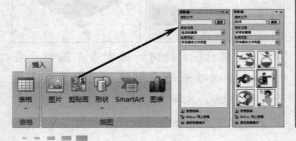

04 在剪贴画列表中单击所需的剪贴画，将其添加到文档中。

如果不知道剪贴画准确的文件名，可以使用通配符代替一个或多个字符来进行搜索，在【搜索文字】文本框中输入星号"*"代替文件名中的多个字符，输入问号"?"代替文件名中的单个字符。搜索完成后，将在搜索结果列表框中显示所有可以插入的剪贴画样式。

4.2.2 插入来自电脑中的图片

在Word 2007中除了可以插入附带的剪贴画之外，还可以从磁盘的其他位置中选择要插入的图片文件。这些图片文件可以是Windows的标准BMP位图，也可以是其他应用程序所创建的图片，如CorelDRAW的CDR格式矢量图片、JPEG压缩格式的图片、TIFF格式的图片等。

打开【插入】选项卡，在【插图】组中单击【图片】按钮，打开【插入图片】对话框，选择图片文件，单击【插入】按钮，即可将图片插入到文档中。

【例4-4】在文档"天气预报"中，插入来自电脑中的图片。◎视频+◎素材

01 启动Word 2007应用程序，打开"天气预报"文档，将插入点定位到要插入图片的位置。

02 在【插图】组中单击【图片】按钮，打开【插入图片】对话框。

03 选择"说天气"图片，单击【插入】按钮，将图片插入到文档中。

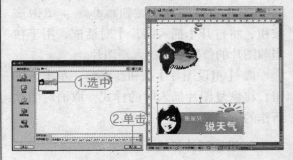

04 在快速访问工具栏中单击【保存】按钮，保存"天气预报"文档。

4.2.3 编辑图片

插入图片之后，图片工具的【格式】选项卡将自动被激活。使用该选项卡可以对图片进行各种编辑，例如缩放、移动、复制、设置样式和排列方式，并且可以调整色调、亮度和对比度等。

1. 调整图片效果

【格式】选项卡的【调整】组用来调整图片效果，该组中包含【亮度】、【对比度】、【重新着色】、【压缩图片】、【更改图片】和【重设图片】按钮。

● 【亮度】按钮 ※亮度· ：单击该按钮，将弹出亮度菜单，选择相应命令即可调整图片亮度。

● 【对比度】按钮 ○对比度· ：单击该按钮，将弹出对比度菜单，选择相应命令即可

调整图片对比度。

⬢ 【重新着色】按钮 [重新着色]：单击该按钮，在弹出的菜单中可以为图片设置不同的颜色模式。

⬢ 【压缩图片】按钮 [压缩图片]：单击该按钮，可对图片的分辨率、大小等属性进行调整，减小图片所占的空间。

⬢ 【更改图片】按钮 [更改图片]：单击该按钮，将打开【插入图片】对话框，用于在当前图片的位置重新插入新图片。

⬢ 【重设图片】按钮 [重设图片]：单击该按钮，将恢复图片插入时的样式，取消对图片所作的所有设置。

2. 设置图片样式

【格式】选项卡的【图片样式】组用来设置图片样式，该组中包含图片样式列表、【图片形状】、【图片边框】和【图片效果】按钮。

⬢ 图片样式列表：该样式列表列出了28种实用的图片样式，单击其中任意一个选项，即可快速为图片应用样式。

⬢ 【图片形状】按钮 [图片形状]：单击该按钮，在弹出的图形菜单中可以为图片设置相应的形状。

⬢ 【图片边框】按钮 [图片边框]：单击该按钮，从弹出的菜单中可以为图片设置边框样式和边框颜色。

⬢ 【图片效果】按钮 [图片效果]：单击该按钮，从弹出的菜单中可以为图片设置三维、阴影、发光等效果。

3. 设置图片排列方式

【格式】选项卡的【排列】组用来设置图片的排列方式，该组中各功能按钮介绍如下：

⬢ 【位置】按钮：单击该按钮，可以在弹出的菜单中选择图片在文档中的位置。

⬢ 【置于顶层】按钮 [置于顶层] 和【置于底层】按钮 [置于底层]：当图片设置为嵌入型

时，则这两个功能按钮不可用。单击它们时，将分别使图片浮于文字上方或衬于文字下方。

⬢ 【文字环绕】按钮 [文字环绕]：单击该按钮，在弹出的菜单中可设置图片与文本的环绕关系。

⬢ 【对齐】按钮 [对齐]：选择多张图片，单击该按钮，在弹出的菜单中可设置图片的对齐方式（嵌入型图片除外）。

⬢ 【旋转】按钮 [旋转]：该按钮可以用来设置图片的旋转角度。

4. 设置图片大小

【格式】选项卡的【大小】组用来设置图片的大小，其中【裁剪】按钮 [裁剪] 用来裁去图片中的多余部分；【高度】和【宽度】微调框用来输入精确的图片高度和宽度值。

【例4-5】 在文档"天气预报"中，编辑插入的剪贴画和图片。⌖视频+⌖素材

🔾1 启动Word 2007应用程序，打开"天气预报"文档。

🔾2 选中插入的剪贴画，图片四周出现控制点，按住鼠标左键拖动图片右下角的尺寸控制点向左上角拖动，缩小图片尺寸。

🔾3 选中剪贴画，在【格式】选项卡的【图片样式】组中单击【其他】按钮，在打开的图片样式列表中选择【矩形投影】选项，设置图片样式。

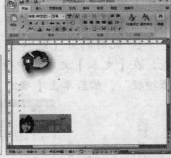

04 选中插入的图片，在【格式】选项卡的【大小】组中单击对话框启动器，打开【大小】对话框。

05 打开【大小】选项卡，在【缩放比例】选项区域中的【高度】和【宽度】微调框中均输入50%，并选中【锁定纵横比】和【相对于图片原始尺寸】复选框，单击【关闭】按钮，完成图片的缩放操作。

06 在【格式】选项卡的【调整】组中单击【重新着色】按钮，在弹出的菜单中选择【文本颜色2，深色】命令，为图片重新着色。

07 在【格式】选项卡的【排列】组中单击【文字环绕】按钮，在弹出的菜单中选择【衬于文字上方】命令，设置图片的版式。

08 在【格式】选项卡的【图片样式】组中单击【图片效果】按钮，从弹出的菜单中选项【映像】|【紧密映像，4pt偏移量】命令，为图片应用映像效果。

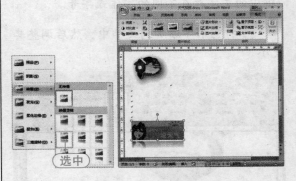

09 在快速访问工具栏中单击【保存】按钮，保存"天气预报"文档。

4.3 使用艺术字丰富文档

流行的报刊杂志上常常会看到各种各样的艺术字，这些艺术字给文章增添了强烈的视觉冲击效果。使用Word 2007可以创建出各种文字的艺术效果，甚至可以把文本扭曲成各种各样的形状或设置为具有三维轮廓的效果。

4.3.1 插入艺术字

在Word 2007中可以按预定义的形状来创建文字。打开【插入】选项卡，在【文本】组中单击【艺术字】按钮，打开艺术字库样式列表框，在其中选择一种艺术字样式，就可以在文档中创建艺术字。

【例4-6】在文档"天气预报"中，插入艺术字"今日生活指数"。 视频+素材

01 启动Word 2007应用程序，打开"天气预报"文档。

02 将插入点定位在剪贴画右侧，打开【插入】选项卡，在【文本】组中单击【艺

术字】按钮，打开艺术字列表框，选择【艺术字样式27】选项。

⑩3 此时打开【编辑艺术字文字】对话框，在【文本】文本框中输入文字"今日生活指数"，然后单击【确定】按钮。

○ 注意事项 ○

在【编辑艺术字文字】对话框中可以设置的字体、字号等属性，将对文字文本框中的所有文字起作用，因此用户不能使文本框中的文字存在不同的字体或字号。

⑩4 将艺术字添加到文档中，然后调整其大小。

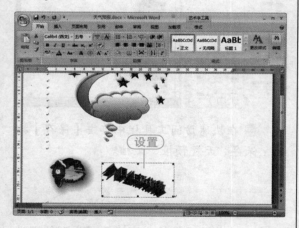

○ 注意事项 ○

艺术字将插入在当前光标所在的位置。虽然艺术字为图形对象，但它不能像自选图形那样在文档中任意移动位置。

4.3.2 编辑艺术字

创建好艺术字后，如果对艺术字的样式不满意，可以对其进行编辑修改，为此系统将自动激活艺术字工具的【格式】选项卡。

使用该选项卡中的工具按钮可以对艺术字进行各种设置。

【例4-7】在文档"天气预报"中，编辑插入的艺术字。 ◎视频＋◎素材

⑩1 启动Word 2007应用程序，打开"天气预报"文档。

⑩2 选中插入的艺术字，在【格式】选项卡的【艺术字样式】组中单击【更改形状】按钮，在弹出的菜单中选择【左领章】选项，设置艺术字的形状。

○ 专家指点 ○

选取要编辑的艺术字，在【格式】选项卡的【文字】组中单击【编辑文字】按钮，将打开【编辑艺术字文字】对话框，在其中可以重新设置艺术字的文字内容并设置字体、字号等。

⑩3 在【格式】选项卡的【艺术字样式】组中单击【形状填充】按钮，在弹出的菜单中选择【渐变】|【其他渐变】选项，打开【填充效果】对话框的【渐变】选项卡。

⑩4 在【颜色】选项区域中选中【双色】单选按钮，在【颜色1】下拉表框中选择【橙色】，在【颜色2】下拉列表框中选择【红色】，在【底纹样式】选项区域中保持选中【水平】单选按钮，在【变形】选项区域中选择第4种样式，单击【确定】按钮，

完成所有设置。

⑤ 在快速访问工具栏中单击【保存】按钮，保存修改后的"天气预报"文档。

○ 注意事项 ○

右击插入的艺术字，在弹出的快捷菜单中选择【设置艺术字格式】命令，打开【设置艺术字格式】对话框，对艺术字格式进行设置。

4.4 使用文本框丰富文档

在Word 2007中，文本框可置于页面中的任何位置，用来建立特殊的文本。插入文本框后不仅可以输入文本、插入图片等，还能把文本与图形紧密地联系起来，使制作的文档更加美观。

4.4.1 插入文本框

文本框是一个可以容纳文字或图片等内容的图形对象，可以将其移动放至适当的位置，使文档更具观赏性。文本框包括横排文本框和竖排文本框两种。

【例4-8】在文档"天气预报"中，插入横排和竖排文本框。◎视频+◎素材

① 启动Word 2007应用程序，打开"天气预报"文档。

② 在【插入】选项卡的【文本】组中单击【文本框】按钮，在弹出的菜单中选择【绘制竖排文本框】命令，然后在文档中拖动鼠标绘制竖排文本框。

③ 释放鼠标后，在添加的文本框中输入文字"今日：晴到多云"。

④ 选中文本框，在【开始】选项卡的【字体】组中，设置文字字体为华文琥珀，字号为一号。

○ 注意事项 ○

在【格式】选项卡的【文本】组中单击【文字方向】按钮，可以更改所选单元格内的文字方向。

⑤ 在【插入】选项卡的【文本】组中单击【文本框】按钮，在弹出的菜单中选择【绘制文本框】命令，然后在文档中拖动鼠标绘制横排文本框。

⑥ 在文本框中输入文本，并设置文本字号为三号。

⑦ 使用同样的方法，在文档中绘制另一横排文本框。

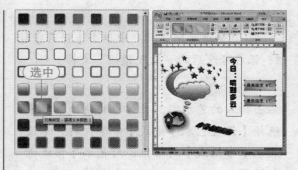

⑧ 在快速访问工具栏中单击【保存】按钮，保存"天气预报"文档。

4.4.2 编辑文本框

插入文本框后，可以根据需要对其进行大小、位置、边框、填充色和版式等设置。选中文本框，系统自动激活文本框工具的【格式】选项卡，在其中就可以进行设置。

【例4-9】在文档"天气预报"中，编辑插入的横排和竖排文本框。 📀视频+📁素材

① 启动Word 2007应用程序，打开"天气预报"文档。

② 按住Ctrl键同时选中两个横排文本框，在【格式】选项卡的【文本框样式】组中单击【其他】按钮，从弹出的列表中选择【对角渐变–强调文字颜色1】样式，应用该样式。

③ 选中竖排文本框，在【格式】选项卡的【文本框样式】组中单击【形状轮廓】按钮，在弹出的菜单中选择【无轮廓】命令，设置竖排文本框无框线。

④ 在快速访问工具栏中单击【保存】按钮，保存修改后的"天气预报"文档。

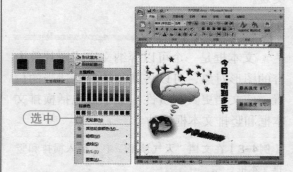

◀ 注意事项 ▶

选中文本框，右击，从弹出的快捷菜单中选择【设置文本框格式】命令，打开【设置文本框格式】对话框，在其中可以对文本框颜色、线条、大小、版式等进行设置。

4.5 使用SmartArt图形丰富文档

Word 2007提供了SmartArt图形的功能，用来说明各种概念性的内容，并可使文档更加形象生动。

4.5.1 插入SmartArt图形

SmartArt图形包括列表、流程、循环、层次结构、关系、矩阵和棱锥图等。

要插入SmartArt图形，首先打开【插入】选项卡，在【插图】组中单击SmartArt按钮，打开【选择SmartArt图形】对话框，

用户可以根据需要选择合适的类型后，单击【确定】按钮即可。

◀ 注意事项 ▶

按Alt+N+M组合键，同样可以打开【选择SmartArt图形】对话框。

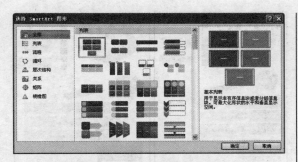

4.5.2 编辑SmartArt图形

插入SmartArt图形后，如果对预设的效果不满意，则可以在SmartArt工具的【设计】和【格式】选项卡中对其进行设计和格式设置。

1. 设计SmartArt图形

通过SmartArt工具的【设计】选项卡中的按钮或列表框，可为SmartArt图形添加形状，还可对它的布局、颜色、样式等进行编辑。

❖ 【添加形状】按钮：单击该按钮下方的三角按钮，从弹出的菜单中可选择SmartArt图形添加形状的位置。

❖ 【布局】列表框：在该列表框中可为SmartArt图形重新定义布局样式，直接选择布局样式应用样式。

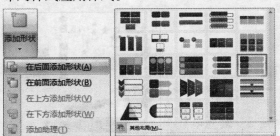

❖ 【更改颜色】按钮：单击该按钮，从弹出的菜单中选择颜色样式，为SmartArt图形设置颜色。

❖ 【SmartArt样式】列表框：在该列表框中可选择SmartArt图形样式。

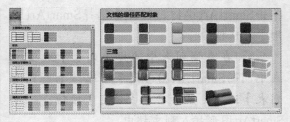

2. 设置SmartArt格式

通过SmartArt工具的【格式】选项卡中的按钮或列表框，可改变SmartArt图形中各个组成部分的性质和颜色，还可选择相应的文本进行编辑，其方法和编辑艺术字类似。

❖ 【增大】按钮/【减小】按钮：通过单击相应的按钮，改变所选的SmartArt图形中的形状大小。

❖ 【形状样式】列表框：选中SmartArt图形中的形状，在该列表框中可为该形状应用样式。

❖ 【艺术字样式】列表框：在该列表框中可为所选的文字应用样式。

❖ 【文本填充】按钮：单击该按钮，从弹出的菜单中可为所选的文字设置文本填充色。

❖ 【文本轮廓】按钮：单击该按钮，从弹出的菜单中可为所选的文字设置文本边框的样式及颜色。

❖ 【文本效果】按钮：单击该按钮，从弹出的菜单中可为所选的文字设置特殊的文本效果，如发光、阴影等。

【例4-10】在文档"天气预报"中，添加和编辑SmartArt图形。◎视频+▣素材

01 启动Word 2007应用程序，打开"天气预报"文档。

02 将插入点定位在艺术字所在行的下方，打开【插入】选项卡，在【插图】组中

单击SmartArt按钮，打开【选择SmartArt图形】对话框。

⑩3 在左侧列表中选择【列表】选项，在中间的SmartArt图形列表中选择【垂直块列表】选项，然后单击【确定】按钮，此时SmartArt图形插入到文档中。

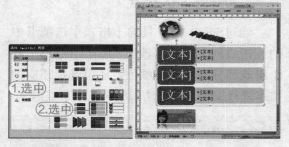

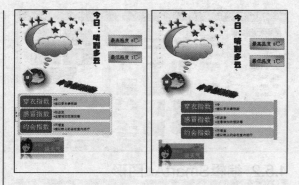

⑩7 打开SmartArt工具的【设计】选项卡，在【SmartArt格式】组中单击【其他】按钮，从弹出的菜单中选择【优雅】选项，为图形应用格式。

> **注意事项**
>
> 第一次插入SmartArt图形时，会自动打开【文本】窗格，它是SmartArt图形中信息的大纲表示形式，可以在其中创建和编辑SmartArt图形的形状。按 Ctrl+Shift+F2 组合键，可以在【文本】窗格和 SmartArt 图形之间切换。

⑩4 在SmartArt图形中的【[文本]】占位符中分别输入所需的说明性文字。

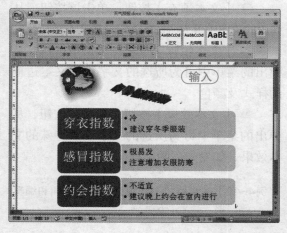

⑩5 选中整个SmartArt图形，向内拖动图形外边框，缩小图形尺寸。

⑩6 将光标定位到SmartArt图形所在行的行首，按空格键将图形移至该行的中间位置。

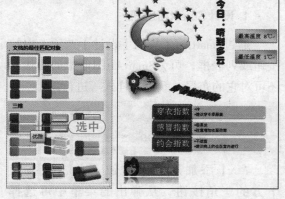

⑩8 在【设计】选项卡的【SmartArt格式】组中单击【更改颜色】按钮，从弹出的菜单中选择【彩色-强调文字颜色】选项，为图形更改颜色。

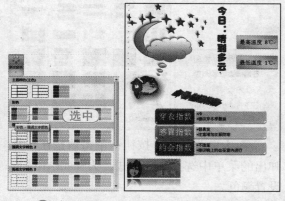

⑩9 在快速访问工具栏中单击【保存】按钮，保存添加的SmartArt图形。

4.6　使用表格丰富文档

在编辑文档过程中，为了更形象地说明问题，常常需要在文档中制作各种各样的表格。Word 2007提供了强大的表格功能，可以快速创建与编辑表格。

4.6.1　创建表格

表格的基本单元称为单元格，它是由许多行和列的单元格组成一个综合体。在Word 2007中可以使用多种方法来创建表格，例如使用表格网格框、使用对话框、绘制不规则表格和插入Excel电子表格等方法。

1. 使用表格网格框创建表格

在【插入】选项卡的【表格】组中，单击【表格】按钮，打开表格网格框。在网格框中拖动按住鼠标左键拖动，确定要创建表格的行数和列数，单击鼠标即可完成一个规则表格的创建。

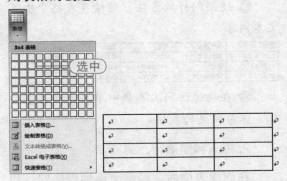

2. 使用对话框创建表格

在【插入】选项卡的【表格】组中，单击【表格】按钮，在弹出的菜单中选择【插入表格】命令，打开【插入表格】对话框。然后在【表格尺寸】选项区域的【列数】和【行数】微调框中分别输入3和4，单击【确定】按钮即可创建一个规则的3×4表格。

3. 绘制不规则表格

在【插入】选项卡的【表格】组中，单击【表格】按钮，在弹出的菜单中选择【绘制表格】命令，此时鼠标光标变为【✎】形状。在文档中拖动鼠标绘制表格外边框，然后继续水平方向或垂直方向拖动鼠标在表格边框内绘制表格的行和列。

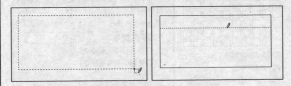

4. 插入Excel电子表格

使用Word 2007的插入对象功能，可以在文档中直接调用Excel应用程序，从而将表格以外部对象插入到Word中。调用程序后，表格的编辑方法与直接使用Excel应用程序一样。在【插入】选项卡的【表格】组中，单击【表格】按钮，在弹出的菜单中选择【Excel表格】命令，打开Excel应用程序的工作界面。当在Excel表格中完成输入与编辑数据之后，在编辑区的空白处单击鼠标返回到Word编辑状态，此时文档中显示插入的Excel表格。

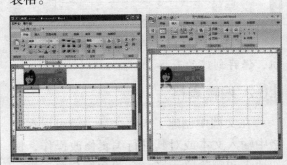

【例4-11】在【例4-10】创建的文档"天气预报"中，插入4行5列的表格。

01 启动Word 2007应用程序，打开"天气预报"文档。

02 将插入点定位在"说天气"图片下方，打开【插入】选项卡，在【表格】组中单击【表格】按钮，在弹出的菜单中选择【插入表格】命令，打开【插入表格】对话框。

03 在【表格尺寸】选项区域的【列数】和【行数】微调框中分别输入5和4，然后单击【确定】按钮。

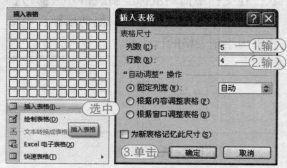

04 此时系统自动在文档中插入一个4行5列的表格。

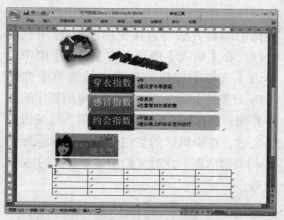

05 在快速访问工具栏中单击【保存】按钮，保存创建的表格。

4.6.2 编辑表格

在文档中创建了表格之后，就可以在表格中输入文本或对其进行编辑修改操作，例如插入和删除单元格，合并和拆分单元格，插入和删除行、列，调整行高和列宽等，以满足不同的需要。

1. 在表格中输入数据

在表格的各个单元格中可以输入文字、插入图形，也可以对各单元格中的内容进行剪切和粘贴等操作，这和正文文本中所做的操作基本相同。用户只需将插入点置于表格的单元格中，然后直接利用键盘输入文本即可。

【例4-12】在文档"天气预报"的表格中，输入文本内容。○视频＋○素材

01 启动Word 2007应用程序，打开"天气预报"文档。

02 将插入点定位到第1列第1行的单元格中，输入文本"日期"。

日期				

03 按Tab键，将插入点定位到第2列第1行中，输入文本"天气现象"。

04 使用同样的方法，继续在表格中输入文本内容。

日期	天气现象	气温	风向	风力
11月3日	晴到多云	6℃~13℃	南风	微风
11月4日	多云	10℃~20℃	西南风	微风
11月5日	晴到多云	12℃~23℃	西南风	3~4级

05 在快速访问工具栏中单击【保存】按钮，保存设置的表格。

2. 插入和删除行、列

在创建表格后，经常会遇到表格的行和列不够用或多余的情况。在Word 2007中可以很方便地完成行、列添加和删除操作，使文档更加紧凑美观。

要向表格中添加行，应先在表格中选定与需要插入行的位置相邻的行，选定的行数和增加的行数相同。然后选择表格工具的【布局】选项卡，在【行和列】组中单击【在上方插入】或【在下方插入】按钮。

插入列的操作与插入行基本类似，可以

在表格的任何位置插入列。

当插入的行或列过多时，就需要删除表格的多余的行和列。选定需要删除的行，或将鼠标放置在该行的任意单元格中，在【行和列】选项区域中，单击【删除】按钮，在打开的菜单中选择【删除行】命令即可。删除列的操作与删除行基本类似。

◎ 注意事项

在表格中，右击选中的单元格，在弹出的菜单中选择【删除单元格】命令，在打开的【删除单元格】对话框中，选中【删除整行】或【删除整列】单选按钮，单击【确定】按钮，同样可以删除行或列。

3.调整行高和列宽

在实际工作中常常需要随时调整表格的行高和列宽。将插入点定位在表格内，打开表格工具的【布局】选项卡，在【单元格大小】组中单击【自动调整】按钮，在弹出的菜单中选择命令，即可便捷地调整表格的行与列。

另外，也可以在该组中，单击【分布行】和【分布列】按钮，平均分布行或列。

◎ 注意事项

用鼠标拖动标尺中的制表符时，按住Alt键，可以进行精细调整。

4.合并和拆分单元格

合并单元格可以将选中的多个单元格合并为一个单元格，拆分单元格可以将选中的一个单元格分成多个单元格。

在【布局】选项卡的【合并】组中单击【合并单元格】按钮，即可合并选中的单元格。

如果要将一个单元格拆分为多个单元格，可以在【布局】选项卡的【合并】组中单击【拆分单元格】按钮，打开【拆分单元格】对话框，在对话框的【行数】和【列数】微调框中分别输入数值，单击【确定】按钮即可。

5.美化表格

在建立了一个表格后，Word会自动设置表格的边框。如果对表格的边框或其他样式不满意，则可以重新设置表格的边框和底纹来美化表格，使表格看起来更加突出、美观。

【例4-13】在文档"天气预报"的表格中，应用表格样式，并美化表格。◎视频+◎素材

01 启动Word 2007应用程序，打开"天气预报"文档。

02 在表格左上方单击 ⊞ 按钮选中整个表格，在【设计】选项卡的【表样式】组中单击【其他】按钮，在打开的表样式列表中选择【浅色底纹 强调文字颜色4】选项，将其应用到表格中。

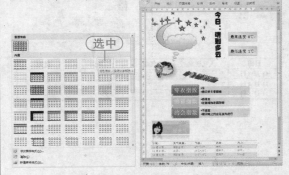

03 选中表格的第1行，在【布局】选项卡的【对齐方式】组中单击【水平居中】按钮，将所选列中的文字水平居中排列，并设置文字颜色为黑色。

04 使用同样的方法，设置第1列的文字为水平居中排列，且文字颜色为黑色。

日期	天气现象	气温	风向	风力
11月3日	晴到多云	6℃~13℃	南风	微风
11月4日	多云	10℃~20℃	西南风	微风
11月5日	晴到多云	12℃~23℃	西南风	3~4级

05 选中整个表格，在【设计】选项卡的【表样式】组中单击【边框】按钮，在弹出的菜单中选择【边框和底纹】命令，打开【边框和底纹】对话框。

06 打开【边框】选项卡的【设置】组中选择【自定义】选项，在【颜色】下拉菜单中选择【红色，强调文字颜色2，深色25%】命令，在【宽度】下拉列表框中选择【1磅】选项，在【预览】选项区域依次单击▦按钮和▦按钮。

07 再次在【宽度】下拉列表框中选择【2.25磅】选项，然后在【预览】选项区域依次单击▦按钮、▦按钮各两次和▦按钮、▦按钮一次，然后单击【确定】按钮，应用边框样式。

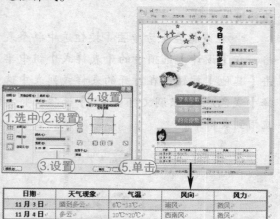

08 在快速访问工具栏中单击【保存】按钮，保存修改后的"天气预报"文档。

◎ 专家指点 ◎

在【插入】选项卡的【插图】组中单击【图表】按钮，打开【插入图表】对话框，选择需要的图表样式后，在调用的Excel表格中输入数据，即可创建需要的图表。例如，在【柱形图】列表中选择【簇状圆柱图】选项，单击【确定】按钮，打开Excel工作表，在工作表中输入数据，关闭Excel应用程序，此时Word文档中插入图表。

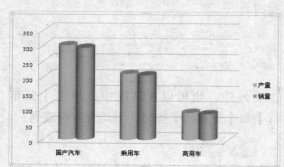

Chapter
05

文档页面设置与打印输出

为了使用户创建的文档更具特色，可以在文档中设置页面格式，如添加页眉页脚、添加页码、设置水印效果等。本章将介绍在Word 2007中设置页面的整体布局、设置页眉和页脚、打印预览与输出等。

- 设置页面对象
- 设置页面大小
- 设置页面背景
- 打印文档

📺 参见随书光盘

5.1 设置页面对象

为了使文档的整体效果更为美观,可以在文档中添加页面对象。例如,添加封面可以使创建的文档更加完整,添加页眉和页脚可以显示章节或文档信息,添加页面可以方便读者阅读等。

5.1.1 应用封面

正式的办公文档一般都会有封面。根据文档内容的不同,其封面也应具有相应的特色,有的以图片为主文字为辅,有的则以文字为主图片为辅。

Word 2007提供了完全格式化的封面供用户选择。在封面中的占位符可以添加标题、作者、日期和其他信息。

【例5-1】在"员工手册"文档中,应用封面,并添加封面对象。◆视频+◆素材

①① 启动Word 2007应用程序,打开"员工手册"文档。

①② 打开【插入】选项卡,单击【封面】按钮 █封面 ,从弹出的列表框中选择【运动型】选项,应用封面。

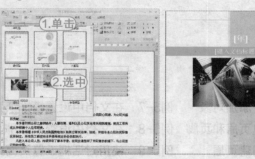

①③ 选中提示文本"【年】"处,单击右侧的下拉按钮,从弹出日期列表中单击【今日】按钮,插入当前的年份。

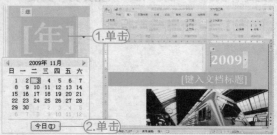

①④ 单击"【键入文档标题】"提示文本,自动选中文本,选择所需的输入法,输入文档标题"员工手册"。

①⑤ 使用同样的方法,在封面右下角输入文档作者、公司和制作时间。

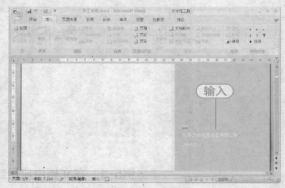

①⑥ 选中图片占位符,按下Delete键,删除封面中原有的图片,在【插入】选项卡的【插图】组中,单击【图片】按钮。

①⑦ 在打开的【插入图片】对话框中,选择所需的图片,单击【插入】按钮,将图片插入到封面上。

08 选中插入的图片，在图片工具的【格式】选项卡的【排列】组中单击【文字环绕】按钮，从弹出的菜单中选择【浮于文字上方】命令，为图片设置环绕方式。

09 拖动鼠标调节图片的位置和大小，然后单击快速访问工具栏上的【保存】按钮，保存"员工手册"文档。

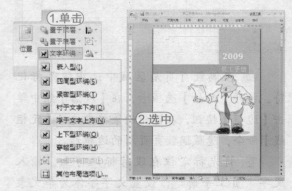

5.1.2 添加页眉和页脚

页眉和页脚通常用于显示文档的附加信息，例如页码、日期、作者名称、单位名称、徽标或章节名称等。其中，页眉位于页面顶部，而页脚位于页面底部。Word可以为文档的每一页添加相同的页眉和页脚，也可以交替更换页眉和页脚，即在奇数页和偶数页上添加不同的页眉和页脚。

要在文档中添加页眉和页脚，可以打开【插入】选项卡，在【页眉和页脚】组中，单击【页眉】或【页脚】按钮，在弹出的快捷菜单中选择【编辑页眉】或【编辑页脚】命令，激活页眉和页脚，就可以进行输入文本、插入图形对象、设置边框和底纹等操作，同时打开页眉和页脚工具的【设计】选项卡。

下面将分别介绍在首页和奇偶页中添加页眉和页脚的方法。

1. 为首页添加页眉和页脚

通常情况下，在书籍的章首页，需要创建独特的页眉和页脚。

【例5-2】打开【例5-1】创建的文档，在封面中创建页眉和页脚。🎬视频+📄素材

01 启动Word 2007应用程序，打开【例5-1】创建的"员工手册"文档。

02 打开【插入】选项卡，在【页眉和页脚】组中单击【页眉】按钮，在弹出的菜单中选择【编辑页眉】命令，进入页眉和页脚编辑状态。

03 打开【页面布局】选项卡，在【页面设置】组中单击对话框启动器，打开【页面设置】对话框的【版式】选项卡，选中【首页不同】复选框，然后单击【确定】按钮。

04 在封面页的页眉区中，选中段落标记符，然后打开【开始】选项卡，在【段落】组中单击【下框线】按钮🔲，在弹出的菜单中选择【无框线】命令，隐藏首页页眉的边框线。

05 打开页眉和页脚工具的【设计】选项卡，在【导航】组中单击【转至页脚】按钮，此时进入页脚编辑状态。

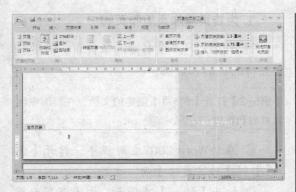

06 在【设计】选项卡的【页眉和页脚】组中单击【页脚】按钮,从弹出的菜单中选择【空白】选项,然后单击提示文本"输入文字",切换至所需的输入法,输入文字"公司密文"。

07 在【设计】选项卡的【关闭】组中单击【关闭页眉和页脚】按钮,完成页脚的添加。

2.为奇偶页添加不同的页眉和页脚

在书籍、报纸等页面中,奇数页和偶数页的页眉页脚通常是不同的。Word 2007就可以方便地为奇偶页添加不同的页眉页脚。

【例5-3】打开【例5-2】创建的"员工手册"文档,为除首页外的所有页创建奇偶页不同的页眉。

📀视频+📀素材

01 启动Word 2007应用程序,打开【例5-2】创建的"员工手册"文档。

02 打开【插入】选项卡,在【页眉和页脚】组中单击【页眉】按钮,在弹出的菜单中选择【编辑页眉】命令,进入页眉和页脚编辑状态。

03 在【设计】选项卡的【选项】组中选中【奇偶页不同】复选框。

04 在偶数页页眉区域中选中段落标记符,打开【开始】选项卡,在【段落】组中单击【边框】按钮,在弹出的菜单中选择【无框线】命令,隐藏偶数页页眉的边框线。

05 将光标定位在段落标记符上,输入文字"员工手册",设置文字字体为华文隶书,字号为小四,字形为加粗。

06 选中输入的页眉文字,设置段落对齐格式为左对齐,并单击【下划线】下拉按钮 U,从弹出的菜单中选择【粗线】选项,为文字添加下划线。

07 将插入点定位到奇数页,选中段落标记符,打开【开始】选项卡,在【段落】组中单击【边框】按钮,在弹出的菜单中选择【无框线】命令,隐藏奇数页页眉的边框线。

08 输入文字"北京文康电脑信息有限公司(南京办事处)",设置文字字体为华文隶书,字号为小四,字形为加粗,设置段落对齐格式为右对齐,单击【下划线】下拉按钮 U,从弹出的菜单中选择【粗线】选项,为文字添加下划线。

◎ 专家指点

进入页眉和页脚编辑状态,将插入点定位在页眉(页脚)中,选定要删除的文字或图形,然后按空格键或Delete键,可以将其删除,并且整篇文档中相同的页眉和页脚都将被删除。

⑩ 选中偶数页页眉，在【开始】选项卡的【字体】组中单击【字符底纹】按钮 **A**，为页眉添加底纹。

⑪ 使用同样的方法，为奇数页页眉添加底纹。然后在【设计】选项卡的【关闭】组中单击【关闭页眉和页脚】按钮，完成奇偶页页眉的设置。

⑫ 在快速访问工具栏中单击【保存】按钮，保存所作的设置。

◆专家指点◆

在奇偶页中添加页脚的方法与添加页眉类似，在【页眉和页脚】组中单击【页脚】按钮，在弹出的菜单中选择【编辑页脚】命令，进入页脚编辑状态，将插入点定位到页脚位置，输入文字或者图片即可。如果要对页眉和页脚进行修改，则可双击页眉或页脚处，再次进入页眉和页脚编辑状态，然后进行修改操作。另外，只有在页面视图和打印预览视图方式下，才能看到页眉和页脚的效果。

5.1.3 添加页码

页码就是给文档每页所编的号码，便于读者阅读和查找文档内容。页码可以添加在页面顶端、页面底端和页边距等地方。

1. 插入页码

要在文档中插入页码，可以打开【插入】选项卡，在【页眉和页脚】组中单击【页码】按钮，在弹出的菜单中选择页码的位置和样式即可。

【例5-4】在【例5-3】创建的"员工手册"文档中，插入页码。◆视频＋◆素材

① 启动Word 2007应用程序，打开【例5-3】创建的"员工手册"文档。

② 将鼠标指针定位到偶数页，打开【插入】选项卡，在【页眉和页脚】组中单击【页码】按钮，在弹出的菜单中选择【页边距】｜【圆（左侧）】命令，在偶数页插入页码。

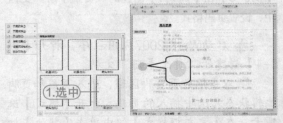

③ 使用同样的方法，在奇数页插入【圆（右侧）】样式的页码。

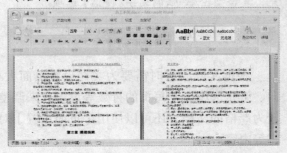

④ 单击快速访问工具栏中的【保存】按钮，保存添加的页码。

2.设置页码格式

在文档中，如果需要使用不同于默认格式的页码，例如i或a等，就需要对页码的格式进行设置。

要对页码进行格式化设置，可以打开【插入】选项卡，在【页眉和页脚】组中单击【页码】按钮，在弹出的菜单中选择【设置页码格式】命令，打开【页码格式】对话框。其中，【编号格式】下拉列表框提供多种页码格式；【包含章节号】复选框设置在添加的页码中包含章节号；【页码编号】选项区域用来设置页码的起始页。

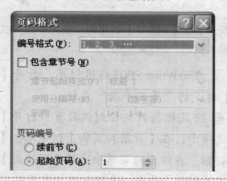

【例5-5】在【例5-4】创建的"员工手册"文档中，设置页码格式。✿视频+✿素材

① 启动Word 2007应用程序，打开【例5-4】创建的"员工手册"文档。

② 双击偶数页页脚区域，进入页眉和页脚编辑状态。选中插入的页码，打开【格式】选项卡，在【文本框样式】组中单击【其他】按钮，在打开的文本框样式列表中选择【纯色填充，复合型轮廓-强调文字颜色3】选项。

③ 在【格式】选项卡的【文本框样式】组中单击【更改形状】按钮，在弹出的形状列表中选择【右箭头】选项。

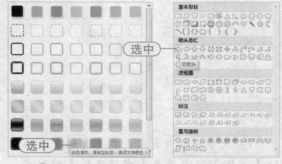

④ 此时为偶数页页码应用样式和形状。

⑤ 使用同样的方法，设置奇数页的页码样式为【纯色填充，复合型轮廓-强调文字颜色3】，页码形状为【左箭头】。

⑥ 单击快速访问工具栏中的【保存】按钮，保存更改的页码。

◆ 专家指点 ◆

如果要设置页码的字体、字号等，可先选取页码，然后通过浮动工具栏上的【字体】、【字号】下拉列表框来进行设置，也可以选择【开始】选项卡，通过【字体】选项区域的命令来设置。

5.2 设置页面大小

根据实际，有时需要为文档设置页面大小。在编辑文档时，可以通过页边距、纸张方向、纸张大小以及每页的行数等设置，来调整文档页面的大小。如果需要制作一个版面要求较为严格的文档，还可以使用【页面设置】对话框来精确设置版面、装订线位置、页眉、页脚等内容。

5.2.1 设置页边距

通过设置页边距，可以调整文档或当前小节的边距大小。Word 2007预设了多种页边距样式，帮助用户快速设置文档的页边距。

【例5-6】打开"员工手册"文档，设置页边距样式为【窄】页边距。📹视频+📁素材

（01）启动Word 2007应用程序，打开"员工手册"文档。

（02）打开【页面布局】选项卡，在【页面设置】组中单击【页边距】按钮，从弹出的菜单中选择【窄】选项。

（03）此时文档将应用【窄】页边距样式，相比默认边距而言，文档内容显得更为紧凑。

5.2.2 设置纸张方向

Word 2007提供了横向和纵向两种纸张方向。默认情况下，Word 2007的纸张方向为纵向，用户也可以根据需要，将默认的纸张方向修改为横向。

【例5-7】打开"员工手册"文档，设置纸张方向为【横向】。📹视频+📁素材

（01）启动Word 2007应用程序，打开"员工手册"文档。

（02）打开【页面布局】选项卡，在【页面设置】组中单击【纸张方向】按钮，从弹出的菜单中选择【横向】选项。

（03）此时文档自动应用【横向】纸张方向样式。

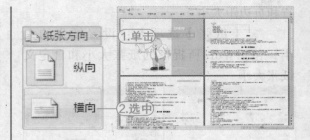

5.2.3 设置纸张大小

Word 2007提供了多种纸张大小型号。默认情况下，Word 2007的纸张大小为A4，用户也可以根据需要，修改纸张大小。

【例5-8】打开"员工手册"文档，设置纸张大小为A5。📹视频+📁素材

（01）启动Word 2007应用程序，打开"员工手册"文档。

（02）打开【页面布局】选项卡，在【页面设置】组中单击【纸张大小】按钮，从弹出的菜单中选择A5选项。

（03）此时文档将以A5纸张显示内容，A5纸张明显比A4纸张小很多。

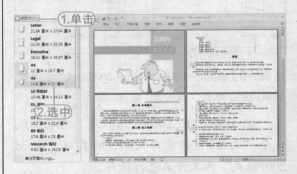

5.2.4 使用【页面设置】对话框设置

在Word 2007文档中，打开【页面布局】选项卡，在【页面设置】组中单击对话框启动器🔲，打开【页面设置】对话框，该对话框包括4个选项卡。

🔷 【页边距】选项卡：设置文本与纸张边缘距离、纸张方向等内容，以及装订线位

置和页边距大小。

✦ 【纸张】选项卡：设置纸张的大小，包括Word所提供的纸张大小和自定义纸张大小。

✦ 【版式】选项卡：用来设置页眉页脚的显示方式、页面垂直对齐方式等内容。

✦ 【文档网络】选项卡：用来设置文档中文字排列的方向、每页的行数、每行的字数等内容。

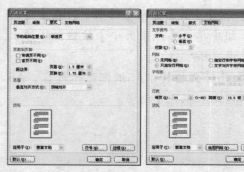

【例5-9】新建一个文档"Word 2007版式"，并设置页边距、纸张、版式等。◇视频＋◇素材

🔘 启动Word 2007应用程序，自动生成一个"文档1"的空白文档，将其以"Word 2007版式"为文件名进行保存。

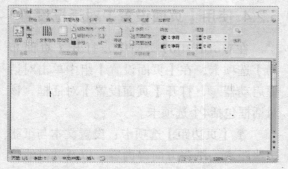

🔘 选择【页面布局】选项卡，在【页面设置】组中单击对话框启动器，打开【页面设置】对话框。

🔘 打开【页边距】选项卡，在【上】微调框中输入"3.5厘米"，在【下】、【左】和【右】微调框中输入"2.5厘米"；在【纸张方向】选项区域中选择【纵向】选项；在【多页】下拉列表框中选择【普通】选项。

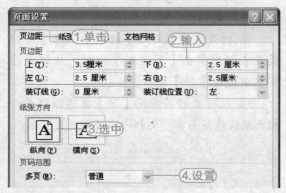

🔘 打开【纸张】选项卡，在【纸张大小】下拉列表框中选择【自定义大小】选项，在【宽度】和【高度】微调框中分别输入"19.5厘米"和"27厘米"。

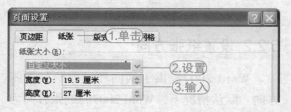

🔘 打开【版式】选项卡，在【页眉】和【页脚】微调框中分别输入"1.8厘米"和"1.3厘米"。

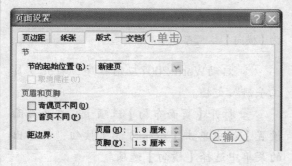

🔘 打开【文档网格】选项卡，在【网格】选项区域中选中【指定行和字符网格】

单选按钮；在【字符】选项区域中指定每行的字数为40，跨度为10.2磅；在【行】选项区域中指定每页的行数为40，跨度为14.85磅，单击【确定】按钮，完成设置。

⑦ 单击快速访问工具栏中的【保存】按钮，保存"Word 2007版式"文档。

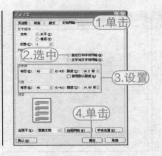

5.3 设置页面背景

为文档设置丰富多彩的背景，可以使文档显得更为生动和美观。在Word 2007中不仅可以为文档添加页面颜色，还可以制作出水印背景效果。

5.3.1 设置背景颜色

Word 2007提供了40多种颜色作为现成的颜色，可以选择这些颜色作为文档背景，也可以自定义其他颜色作为背景。

要为文档设置背景颜色，可以打开【页面布局】选项卡，在【页面背景】组中，单击【页面颜色】按钮，将弹出【页面颜色】子菜单。在【主题颜色】和【标准色】选项区域中，选择其中的任何一个色块，即可将该颜色设置为背景。

如果对系统提供的颜色不满意，可以在【页面颜色】子菜单中选择【其他颜色】命令，打开【颜色】对话框。在【标准】选项卡中，可以选择六边形的色块作为文档页面背景；在【自定义】选项卡中，可以通过拖动鼠标选择所需的颜色作为背景色。

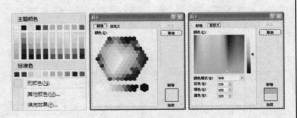

使用一种颜色作为背景色，对于一些Web页面，会显得过于单调。Word 2007还提供了其他多种文档背景效果，例如渐变背景效果、纹理背景效果、图案背景效果及图片背景效果等。设置背景填充效果时，可以在【页面颜色】子菜单中选择【填充效果】命令，打开【填充效果】对话框，其中包括4个选项卡。

⬛ 【渐变】选项卡：可以通过选中【单色】或【双色】单选按钮来创建不同类型的渐变效果，在【底纹样式】选项区域中选择渐变的样式。

⬛ 【纹理】选项卡：可以在【纹理】选项区域中，选择一种纹理作为文档页面的背景。

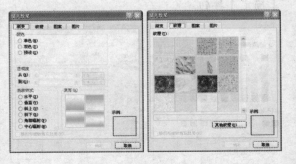

⬛ 【图案】选项卡：可以在【图案】选项区域中选择一种基准图案，并在"前景"和"背景"下拉列表框中选择图案的前景和背景颜色。

⬛ 【图片】选项卡：单击【选择图片】按钮，从打开的【选择图片】对话框中选择一个图片作为文档的背景。

【例5-10】在【例5-5】创建的"员工手册"文档中，为页面添加填充效果。

01 启动Word 2007应用程序，打开【例5-5】创建的"员工手册"文档。

02 打开【页面布局】选项卡，在【页面背景】组中单击【页面颜色】按钮，在弹出的菜单中选择【填充效果】命令，打开【填充效果】对话框。

03 打开【渐变】选项卡，在【颜色】选项区域中选择【双色】单选按钮，在【颜色1】下拉列表框中选择【蓝色，强调文字颜色1，淡色80%】选项，在【颜色2】下拉列表框中选择【白色】选项；在【底纹样式】选项区域中选择【斜上】单选按钮；在【变形】选项区域中选择第4个样式，然后单击【确定】按钮。

5.3.2 设置水印效果

所谓水印，是指印在页面上的一种透明的花纹。水印可以是一幅图画、一个图表或一种艺术字体。当用户在页面上创建水印以后，它在页面上是以灰色显示的，成为正文的背景，从而起到美化文档的作用。

在Word 2007中，不仅可以从水印文本库中插入预先设计好的水印，也可以插入一个自定义的水印。

【例5-11】打开"Word 2007版式"文档，在该文档中创建水印效果。

01 启动Word 2007应用程序，打开"Word 2007版式"文档。

02 打开【页面布局】选项卡，在【页面背景】组中单击【水印】按钮，在弹出的菜单中选择【严禁复制1】选项，应用该水印样式。

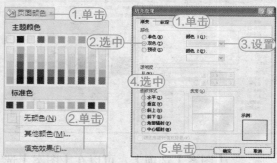

04 单击快速访问工具栏中的【保存】按钮，保存设置后的"员工手册"文档。

> **注意事项**
>
> 在普通视图和大纲视图中将不能显示背景颜色，若要显示文档背景，需要切换到其他视图中，例如Web版式视图和页面视图。

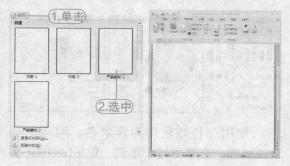

03 如果对该水印效果不满意，可以在【页面布局】选项卡的【页面背景】组单击

【水印】按钮，在弹出的菜单中选择【自定义水印】命令，打开【水印】对话框。

⑭ 选中【图片水印】单选按钮，单击【选择图片】按钮。

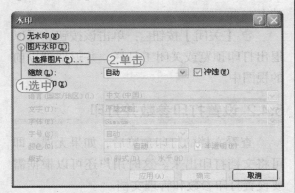

⑯ 返回至【水印】对话框，单击【应用】按钮，添加水印。单击【关闭】按钮，关闭对话框。

> **注意事项**
>
> 选中【文字水印】单选按钮，在【文字】文本框中可以输入水印文字，在【字体】、【字号】下拉列表框中可以设置文本属性。

⑮ 在打开的【插入图片】对话框中，选择需要设置成水印的图片，单击【插入】按钮。

⑰ 单击快速访问工具栏中的【保存】按钮，保存设置后的"Word 2007版式"文档。

5.4 打印文档

日常办公中经常需要使用纸张传递文档信息，添加了打印机的电脑可以将这些文档打印出来。要使文档按照用户所设想的效果打印，则需要对打印选项和打印方式进行设置。

5.4.1 打印预览

打印预览实际是打印文档之前，在电脑屏幕上查看效果，如页边距、页面大小是否适宜，以及打印的格式是否需要改进等。

单击Office按钮，在弹出的菜单中选择【打印】|【打印预览】命令，即可进入当前文档的打印预览状态。

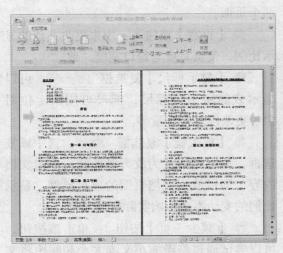

> **注意事项**
>
> 当文档中有许多图片时，打开文档后图片需要很长时间才能显示出来，这时进入打印预览窗口可提高图片在文档中的显示速度。

进入打印预览页面后，功能区只显示

【打印预览】选项卡，包含了一些常用的打印预览按钮，使用这些按钮可以快速设置打印预览效果，下面将介绍各按钮的功能。

● 【打印】按钮 ： 单击该按钮，即可打印活动文件或所选内容。

● 【选项】按钮 ： 单击该按钮，打开【Word选项】对话框，可以更改打印文档选项。

● 【页边距】按钮 ： 用来设置文本与纸张边缘的距离。

● 【纸张方向】按钮 ： 用来设置纸张是横向的还是纵向的。

● 【纸张大小】按钮 ： 用来设置纸张的大小，可以是系统提供的大小，也可以是自定义的大小。

● 【显示比例】按钮 ： 单击该按钮，打开【显示比例】对话框，可以设置文档的缩放级别。

● 【100%】按钮 ： 单击该按钮，可以使文档缩放为正常大小。

● 【单页】按钮 ： 单击该按钮，可以缩放编辑视图，以便能在普通视图中看到整个页面。

● 【双页】按钮 ： 单击该按钮，可以缩放编辑视图，以便能在普通视图中看到两个页面。

● 【页宽】按钮 ： 用来更改文档的显示比例，使页宽度与窗口宽度一致。

● 【显示标尺】复选框 显示标尺 ： 可以显示或隐藏水平标尺，标尺可用来定位对象、更改段落缩进量等。

● 【放大镜】复选框 放大镜 ： 选中该复选框，鼠标光标变为放大镜形状，单击文档内容，即可放大文档页面的显示比例。显示比例的变动不会影响实际打印效果。

● 【减少一页】按钮 ： 单击该按钮，可以尝试通过略微缩小文本大小和间距将文

档减少一页。

● 【下一页】按钮 ： 用来定位到文档的下一页。

● 【上一页】按钮 ： 用来定位到文档的上一页。

● 【关闭】按钮 ： 单击该按钮，可以退出打印预览或关闭工具栏，并返回到以前的视图中。

5.4.2 设置打印参数并打印

查看文档的打印预览后，如果无误，即可将文档打印出来。这时用户还可以根据需要设置打印参数和管理文档。

1. 在预览状态下实施打印

打开要打印的文档，单击Office按钮，在弹出的菜单中选择【打印】|【打印预览】命令，进入打印预览状态后，单击【打印】组中的【打印】按钮，即可完成文档的打印。

如果用户要设置打印参数，可以在【打印】组中单击【选项】按钮，可以打开【Word 选项】对话框，在【显示】选项卡的【打印选项】组中，可以设置打印参数，然后单击【打印】按钮，开始打印文档。

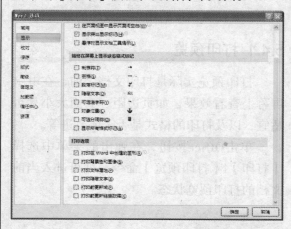

2. 使用【打印】对话框实施打印

打开要打印的文档，单击Office按钮，在弹出的菜单中选择【打印】|【打印】命

令，打开【打印】对话框，在该对话框中可以设置打印的相关参数，如打印的文档的份数、打印的文档内容和打印的内容是否随页面缩放等。

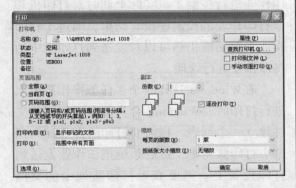

在【打印】对话框中，各选项区域的功能如下：

🔲 【页面范围】选项区域：用来设置打印的页面范围，如打印全部、打印当前页和打印指定页。

🔲 【副本】选项区域：用来设置打印份数和打印方式。打印方式包括逐份打印和逐页打印。

🔲 【缩放】选项区域：用来设置每张打印页显示的版数，可选择每页显示1版、2版、4版、6版、8版和16版。

🔲 【打印内容】下拉列表框：用来设置打印的内容，如打印文档、打印文档属性等。

🔲 【打印】下拉列表框：用来设置指定的打印范围。可以选择打印"页面范围"选项区域中指定的所有页，也可以选择打印指定范围内的奇数页和偶数。

🔲 【属性】按钮：用来设置当前打印机的属性，如纸张大小、质量等。

🔲 【选项】按钮：单击该按钮，同样打开【Word选项】对话框，在【显示】选项卡的【打印选项】组中，可以设置打印参数。

🔲 【手动双面打印】复选框：选中该复选框后，打印完一面后，提示将打印后的纸背面向上放回送纸器，再发送打印命令完成双面打印。

【例5-12】打开【例5-10】创建的"员工手册"文档，预览文档总页数和打印效果，然后双面打印文档，设置份数为3份。◎视频+②素材

01 启动Word 2007应用程序，打开【例5-10】创建的"员工手册"文档。

02 单击Office按钮，在弹出的菜单中选择【打印】|【打印预览】命令，打开打印预览窗口，在状态栏中查看总页码数。

03 在打印预览窗口中拖动滚动条，查看整个文档。

04 在【打印预览】选项卡的【显示比例】组中单击【显示比例】按钮，打开【显示比例】对话框，单击【多页】单选按钮，然后单击圖按钮，在弹出的列表中拖动鼠标选择显示的页数为12，单击【确定】按钮，在打印预览窗口中将同时显示12页。

05 预览完毕后，在【打印预览】选项卡的【预览】组中单击【关闭打印预览】按钮，退出打印预览窗口。

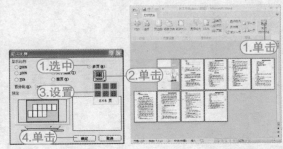

⑥ 单击Office按钮，在弹出的菜单中选择【打印】|【打印】命令，打开【打印】对话框。

⑦ 在【名称】下拉列表框中选择当前打印机，在【份数】微调框中输入3，选中【手动双面打印】复选框，然后单击【确定】按钮。

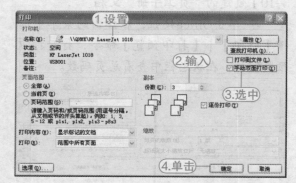

⑧ 执行打印时，打印完一页文档，然后将打印后的纸背面向上放回送纸器，再执行打印另一页指令。

⑨ 使用同样的方法，手动执行纸张的翻转，直到打印完3份文档。

○ 注意事项 ○

单击Office按钮，在弹出的菜单中选择【打印】|【快速打印】命令，此时将不对打印属性进行设置，而是将文档直接发送到默认打印机进行打印。

5.4.3 管理打印队列

一般用户都认为将文档送向打印机之后，在文档打印结束之前就不可以再对该打印作业进行控制了。实际上此时对打印机和该打印作业的控制还没有结束，通过【打印作业】对话框仍然可以对发送到打印机中的打印作业进行管理。

在Windows这样一个多任务操作系统上进行打印时，Windows会为所有要打印的文件建立一个列表，把需要打印的作业加入到这个打印队列中，然后系统把该作业发送到打印设备上。需要查看打印队列中的文档时，可以在【打印机和传真】窗口，双击默认打印机图标，打开【打印作业】对话框。在该对话框中，用户可以管理打印队列。若要暂停某个打印作业，右击作业，在弹出的菜单中选择【暂停】命令；若要重新启动暂停的打印作业或者要取消打印作业，右击作业，在弹出的菜单中选择【继续】或【取消】命令即可。

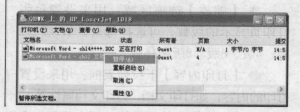

Chapter

06

Excel 2007基本操作

Excel 2007不仅具有强大的数据组织、计算、分析和统计功能，还可以通过图表、图形等多种形式对处理结果加以形象地显示。在使用Excel 2007制作表格前，首先应掌握它的基本操作，包括使用工作簿、工作表、单元格，输入和编辑数据等。

- 工作簿、工作表和单元格
- 工作簿的操作
- 工作表的操作
- 输入数据
- 编辑数据

参见随书光盘

6.1 工作簿、工作表和单元格

在Excel 2007中使用最频繁的就是工作簿、工作表与单元格，它们是构成Excel 2007的支架。通俗地说，工作簿、工作表和单元格是Excel电子表格的三大组成部分。本节将分别介绍这三大组成部分的概念以及它们之间的关系。

6.1.1 工作簿、工作表和单元格简介

1. 工作簿

Excel 2007以工作簿为单元来处理工作数据和存储数据。工作簿文件是Excel存储在磁盘上的最小独立单位，其扩展名为".xls"。工作簿窗口是Excel打开的工作簿文档窗口，它由多个工作表组成。启动Excel 2007后，系统会自动新建一个名为"Book1"的工作簿。

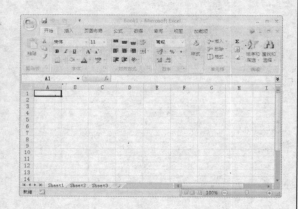

2. 工作表

工作表是Excel 2007的工作平台，若干个工作表构成一个工作簿。工作表是通过工作表标签来标识的，工作表标签显示于工作簿窗口的底部，用户可以通过单击不同的工作表标签来进行工作表的切换。

默认情况下，一个新的工作簿中只包含有3个工作表，其名称为Sheet1、Sheet2与Sheet3，分别显示在工作表标签中。在使用工作表时，只有一个工作表是当前活动的。

3. 单元格与单元格区域

单元格是工作表中的小方格，它是工作表的基本元素，也是Excel独立操作的最小单位。单元格的定位是通过它所在的行号和列标来确定的，例如，C6单元格即C列与6行交汇处的单元格。

单元格区域是一组被选中的相邻或分离的单元格。单元格区域被选中后，所选范围内的单元格都会高亮度显示，取消时又恢复原样。对一个单元格区域的操作即对该区域内的所有单元格执行相同的操作。取消单元格区域的选择时只需在所选区域外单击即可。

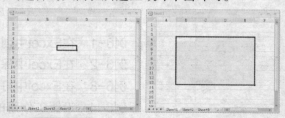

> 专家指点
>
> 要选定单元格区域，使用鼠标单击第一个单元格，按住鼠标左键并将其拖动到区域右下角，然后释放鼠标左键即可；或者单击鼠标左键选取区域左上角的单元格，然后拖动滚动条，将鼠标光标指向区域右下角的单元格，按住Shift键的同时单击鼠标左键即可。

6.1.2 工作簿、工作表与单元格关系

工作簿、工作表和单元格之间是包含与被包含的关系。其中，单元格是存储数据的最小单位，工作表由多个单元格组成，而工作簿又包含一个或多个工作表。

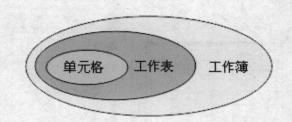

◎ 注意事项 ◎

Excel 2007的一个工作簿中最多可包含255张工作表，每张工作表最多又可由65536×256个单元格组成。

◎ 专家指点 ◎

Excel 2007支持3种显示模式，分别为【普通】模式、【页面布局】模式与【分页预览】模式，单击Excel 2007窗口左下角的 ▦ ▤ ▥ 按钮可以切换显示模式。

6.2 工作簿的操作

在Excel 2007中，工作簿是保存Excel文件的基本单位，它的操作包括新建、保存、关闭、打开和保护等。

6.2.1 新建工作簿

在新建工作簿时，可以直接创建空白的工作簿，也可以根据模板来创建带有样式的新工作簿。

1. 新建空白工作簿

运行Excel 2007应用程序后，系统会自动创建一个新的工作簿。除此之外，用户还可以通过【新建工作簿】对话框来创建新的工作簿。

【例6-1】在Excel 2007中使用【新建工作簿】对话框来创建一个新空白工作簿。 🎬素材

01 启动Excel 2007应用程序，打开Excel工作界面。

02 单击Office按钮，在弹出的菜单中选择【新建】命令，打开【新建工作簿】对话框。

03 在【空白文档和最近使用的文档】选项区域中选择【空工作簿】选项，然后单击【创建】按钮，即可创建一个新空白工作簿。

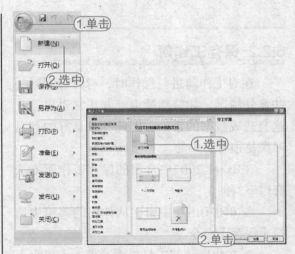

◎ 注意事项 ◎

使用Ctrl+N快捷键，可以快速创建新的空白工作簿。

2. 使用模板创建工作簿

在Excel 2007中还可以根据模板来创建工作簿。在【新建工作簿】对话框中选择【已安装的模板】选项，在【已安装的模板】列表框中选择需要的模板，单击【创建】按钮，即可创建该模板的工作簿。

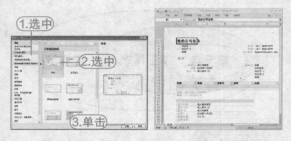

或者在【新建工作簿】对话框中选择【我的模板】选项，打开【新建】对话框。在对话框中选择模板，然后单击【确定】按钮，即可根据该模板创建工作簿。

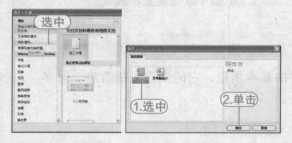

6.2.2 保存工作簿

在对工作簿进行操作时，有时会遇到一些意外情况，如突然断电、非正常退出等，这会造成数据的丢失，因此养成良好的存盘习惯是很有必要的。

在Excel 2007中常用的保存工作簿方法有以下3种：

❖ 单击Office按钮，从弹出的菜单中选择【保存】命令。

❖ 在快速访问工具栏中，单击【保存】按钮 。

❖ 使用Ctrl+S快捷键。

当Excel工作簿第一次被保存时，会自动打开【另存为】对话框。在对话框中可以设置工作簿的保存名称、位置以及格式等。当工作簿保存后，再次执行保存操作时，会根据第一次保存时的相关设置直接保存工作簿。

另外，如果要将已保存的工作簿重命名并保存，可以单击Office按钮，从弹出的菜单中选择【另存为】命令，在打开的【另存为】对话框中重新设置工作簿的保存名称、路径。

> ◯ 注意事项 ◯
>
> 在【另存为】对话框的【保存类型】下拉列表框中可以将保存类型设置为【Excel 97-2003工作簿】格式，以便使该工作簿在旧版本中可以打开。Excel 2007工作簿的扩展名为.xlsx，而旧版本工作簿的扩展名为.xls。

【例6-2】将新建的空白工作簿保存，并设置保存名称为"练习保存工作簿"。◎视频+◎素材

01 启动Excel 2007应用程序，系统会自动新建一个名为"Book1"的工作簿。

02 单击Office按钮，在弹出的菜单中选择【保存】命令，打开【另存为】对话框。在【文件名】文本框中输入"练习保存工作簿"，单击【保存】按钮，即可保存该工作簿。

03 此时在标题栏中显示工作簿的名称。

6.2.3 打开工作簿

要对已经保存的工作簿进行浏览或编辑

操作，则首先要在Excel 2007中打开该工作簿。打开工作簿的常用方法如下：

🔹 单击Office按钮，从弹出的菜单中选择【打开】命令。

🔹 使用Ctrl+O快捷键。

🔹 直接双击已创建的Excel文件的图标。

【例6-3】 打开【例6-2】保存的工作簿"练习保存工作簿"。📁素材

01 启动Excel 2007应用程序，打开Excel 2007工作界面。

02 单击Office按钮，在弹出的菜单中选择【打开】命令，打开【打开】对话框。

03 选择要打开的"练习保存工作簿"工作簿文件，然后单击【打开】按钮，即可打开该工作簿。

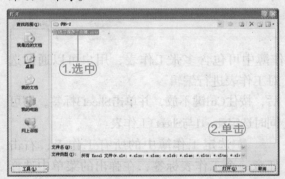

◤ **专家指点** ◢

单击Office按钮，从弹出的菜单中选择【关闭】命令，可以关闭当前工作簿，但并不退出Excel 2007。若要完全退出Excel 2007，则可以单击标题栏右部的【关闭】按钮 ×。

6.2.4 保护工作簿

为了防止其他人随意对重要工作簿进行修改，则可以在Excel 2007中设置工作簿的保护功能。

【例6-4】 创建新工作簿"加密保存"，设置保护密码为"12345"。🎬视频 + 📁素材

01 启动Excel 2007应用程序，打开新空白工作簿。

02 单击Office按钮，在弹出的菜单中选择【另存为】命令，打开【另存为】对话框。在【保存位置】下拉列表中选择保存路径，在【文件名】文本框中输入文字"加密保存.xlsx"。

03 单击对话框左下角的【工具】按钮，在弹出的菜单中选择【常规选项】选项。

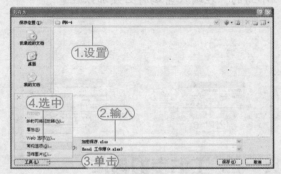

04 打开【常规选项】对话框，在【打开权限密码】和【修改权限密码】文本框中都输入密码"12345"，然后单击【确定】按钮。

05 打开【确认密码】对话框，在【重新输入密码】文本框中重新输入密码"12345"，然后单击【确定】按钮。

06 打开【确认密码】对话框，在【重新输入修改权限密码】文本框中重新输入密码"12345"，单击【确定】按钮，完成设置。

07 返回至【另存为】对话框，单击【保存】按钮将工作簿保存。

⑧ 重新打开【加密保存】工作簿时，将依次打开【密码】对话框，当在【密码】文本框中输入正确密码时，才能打开并修改工作簿。

○ 注意事项 ○

设置完工作簿密码后，建议用户将密码写下并保存在安全的位置。如果丢失了密码，将无法打开受密码保护的文件。密码是区分大小写的，在输入密码时必须加以注意。

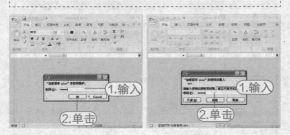

○ 专家指点 ○

如果要对工作簿的结构和窗口进行保护，可以打开【审阅】选项卡，在【更改】组中单击【保护工作簿】按钮，在弹出的菜单中选择【保护结构和窗口】命令，在打开的【保护结构和窗口】对话框中，设置保护的选项和密码。

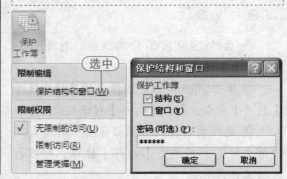

6.3 工作表的操作

工作表即Excel 2007中的表格，在一个工作簿中可包含多张工作表，用户可以通过选择、插入、重命名、移动、复制、删除等操作，对工作表进行编辑。

6.3.1 选择工作表

由于一个工作簿中往往包含多个工作表，因此操作前需要选定工作表。

选择工作表的常用操作包括以下4种：

❖ 选择一张工作表：直接单击该工作表的标签即可，例如，单击Sheet2标签，即可选定Sheet2工作表。

❖ 选择相邻的工作表：首先选中第一张工作表标签，然后按住Shift键不放并单击其他相邻工作表的标签即可。例如，选中Sheet1工作表后，按住Shift键不放，并单击Sheet2标签，即可同时选定Sheet1与Sheet2工作表。

❖ 选择不相邻的工作表：首先选中第一张工作表，然后按住Ctrl键不放，并单击其他任意一张工作表标签即可。例如，选中Sheet1工作表

后，按住Ctrl键不放，并单击Sheet3标签，即可同时选定Sheet1与Sheet3工作表。

❖ 选定工作簿中的所有工作表：右击任意一个工作表标签，在弹出的菜单中选择【选定全部工作表】命令即可。

○ 专家指点 ○

在Excel 2007中，单击◀或▶按钮可以按顺序选中当前工作表的上一张或下一张工作表，单击◀◀或▶▶按钮可以选中当前工作簿第一张或最后一张工作表。按Ctrl+PageUp快捷键可以切换到前一张工作表，按Ctrl+PageDown快捷键可以切换到后一张工作表。

6.3.2 插入工作表

如果工作簿中的工作表数量不够，用户可以在工作簿中插入工作表，并且不仅可以插入空白的工作表，还可以根据模板插入带有样式的新工作表。

插入工作表最常用的方法有以下3种：

❖ 打开【开始】选项卡，在【单元格】组中单击【插入】按钮右侧的下拉箭头，在弹出的快捷菜单中选择【插入工作表】命令。插入的新工作表位于当前工作表左侧。

❖ 在工作表标签处，单击【插入工作表】按钮，可以快速在最后位置插入一个新的工作表。

❖ 选定当前活动工作表，将光标指向该工作表标签，然后单击鼠标右键，在弹出的快捷菜单中选择【插入】命令，打开【插入】对话框，在【常用】选项卡中选择【工作表】选项，然后单击【确定】按钮。

6.3.3 重命名工作表

Excel 2007在创建一个新的工作表时，它的名称是以Sheet1、Sheet2、……来命名的。为了便于记忆与使用，可以对工作表进行重新命名操作。

重命名工作表的常用方法有以下两种：

❖ 双击选中的工作表标签，这时工作表标签以反白显示，在其中输入新的名称并按

下Enter键即可。

❖ 右击选中的工作表标签，从弹出的快捷菜单中选择【重命名】命令；或者在【开始】选项卡的【单元格】组中单击【格式】按钮，在弹出的菜单中选择【重命名工作表】命令，然后输入新的名称，并按下Enter键即可。

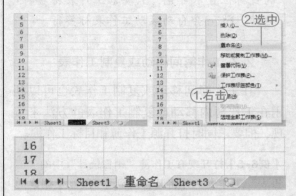

6.3.4 移动或复制工作表

在使用Excel 2007进行数据处理时，经常把描述同一事物相关特征的数据放在一个工作表中，而把相互之间具有某种联系的不同事物安排在不同的工作表或不同的工作簿中，这时就需要在工作簿内或工作簿间移动或复制工作表。

1. 在工作簿内移动或复制工作表

在同一工作簿内移动或复制工作表的操作方法非常简单，只需选择要移动的工作表标签，然后沿工作表标签行拖动选定的工作表标签即可。

如果要在当前工作簿中复制工作表，需要在拖动工作表的同时按住Ctrl键，并在目的地释放鼠标后松开Ctrl键即可。在复制工作表时，新工作表的名称在原来相应工作表名称后附加用括号括起来的数字，以表示

两者是不同的工作表。例如，源工作表名为Sheet1，则第一次复制的工作表名为Sheet1（2），依此类推。

◖ 注意事项 ◗

在拖动工作表时，Excel用黑色的倒三角指示工作表要放置的目标位置，如果要放置的目标位置不可见，只要沿工作表标签行拖动，Excel会自动滚动工作表标签行。

2. 在工作簿间移动或复制工作表

在工作簿间移动或复制工作表也可以利用在工作簿内移动或复制工作表的方法来实现，但要求同时打开源工作簿和目标工作簿。

【例6-5】 打开现有工作簿"销售统计"中的"销售表"工作表，并将其移动到【例6-2】创建的"练习保存工作簿"工作簿中。◆视频+◆素材

01 启动Excel 2007应用程序，打开【例6-2】创建的"练习保存工作簿"工作簿。

02 打开现有工作簿"销售统计"，并打开"销售表"工作表。

03 在【开始】选项卡的【单元格】组中单击【格式】按钮，在弹出的菜单中选择【移动或复制工作表】命令。

04 打开【移动或复制工作表】对话框，在【工作簿】下拉列表框中选择"练习保存

工作簿"工作簿，单击【确定】按钮，即可将"销售表"工作表移动到"练习保存工作簿"工作簿中。

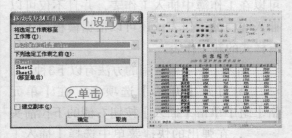

◖ 专家指点 ◗

在【移动或复制工作表】对话框的【下列选定工作表之前】列表框中，用户可以选择将工作表粘贴到工作簿的哪个工作表前面；若选中【建立副本】复选框，则执行的是复制操作。

05 在"练习保存工作簿"工作簿的快速访问工具栏中单击【保存】按钮，将复制过来的"销售表"工作表保存。

6.3.5 删除工作表

根据实际工作的需要，有时可以在工作簿中删除一些多余的或者不需要的工作表。这样不仅方便用户对工作表进行管理，也可以节省系统资源。删除工作表的方法与新建工作表的方法类似，只是选择的命令不同。

要删除一个工作表，首先单击工作表标签选定该工作表，然后在【开始】选项卡的【单元格】组中单击【删除】按钮右侧的下拉箭头，在弹出的快捷菜单中选择【删除工作表】命令，即可删除该工作表，此时，和它相邻的右侧的工作表变成当前的活动工作表。

同样，也可以在要删除的工作表的工作表标签上右击，在弹出的快捷菜单中选择【删

除】命令，即可删除选定工作表。

在删除工作表前，系统会打开一个对话框询问是否确定要删除。如果确认删除，则单击【删除】按钮即可；如果不想删除，则单击【取消】按钮。

6.4 输入数据

创建完电子表格后就可以在工作表的单元格中输入数据。用户可以像在Word文档中一样，在电子表格中手动输入文字、符号、日期和数字等，也可以使用电子表格的自动填充功能快速填写有规律的数据。

6.4.1 选定单元格

Excel 2007是以工作表的方式进行数据运算和数据分析的，而工作表的基本单元是单元格。因此，在向工作表中输入数据之前，应该先选定单元格或单元格区域。

打开工作簿后，单击要编辑的工作表标签，即可打开当前工作表。将鼠标指针移到需选定的单元格上，单击鼠标左键，该单元格即为当前单元格。如果要选定的单元格没有显示在窗口中，可以通过移动滚动条使其显示在窗口中，然后再选取。

要选定一个单元格区域，首先使用鼠标单击区域左上角的单元格，按住鼠标左键并拖动鼠标到区域的右下角的单元格，然后释放鼠标左键即可；要选定多个且不相邻的单元格区域，可单击鼠标选定第一个单元格区域，接着按住Ctrl键，拖动鼠标选定其他单元格区域。

若要取消选择，只需使用鼠标单击工作表中任一单元格即可。

另外，经常需要在一个工作簿的工作表中选定一些特殊的单元格区域，如整行、整

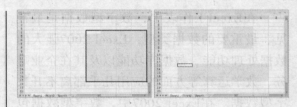

列等，其操作方法如下所示：

- 整行：单击工作表中的行号。
- 整列：单击工作表中的列标。
- 整个工作表：单击工作表左上角行号和列标交叉处的按钮。
- 相邻的行或列：单击工作表行号或列标，并拖动行号或列标。
- 不相邻的行或列：单击第一个行号或列标，按住Ctrl键，再单击其他行号或列标。

6.4.2 输入文本数据

Excel 2007中的文本通常是指字符或者任何数字和字符的组合。输入到单元格内的任何字符集，只要不被系统解释成数字、公式、日期、时间或者逻辑值，则Excel 2007一律将其视为文本。在Excel 2007中输入文本时，系统默认的对齐方式是单元格内靠左对齐。

在工作表中输入文本通常有3种常用的方法，即在编辑栏中输入、在单元格中输入以及选择单元格输入。

- 在数据编辑栏中输入：选定要输入数据的单元格，将鼠标光标移动到数据编辑栏处单击，将插入点定位到编辑栏中，然后输入内容。
- 在单元格中输入：双击要输入数据的单元格，将插入点定位到该单元格内，然后输入内容。
- 选定单元格输入：选定要输入数据的单元格，直接输入内容即可。

6.4.3 输入数字数据

在Excel工作表中，数字型数据是最常见、最重要的数据类型，Excel 2007强大的数据处理功能、数据库功能以及其在企业财务、数学运算等方面的应用几乎都离不开数字型数据。在Excel 2007中，数字型数据包括货币、日期与时间等类型。

- 数值：默认情况下的数字型数据都为该类型，用户可以设置其小数点格式与百分号格式等。
- 货币：该类型的数字型数据会根据用户选择的货币样式自动添加货币符号。
- 长日期：该类型的数字数据可将单元格中的数字变为“年月日”的日期格式。
- 时间：该类型的数字数据可将单元格中的数字变为“00:00:00”的时间格式。
- 百分比：该类型的数字数据可将单元格中的数字变为“00.00%”的格式。
- 分数：该类型的数字数据可将单元格中的数字变为分数格式，如将0.5变为“1/2”。
- 科学计数：该类型的数字数据可将单元格中的数字变为“1.00E+04”格式。
- 自定义：除了这些常用的数字数据类型外，用户还可以根据自己的需要自定义数字数据。

打开【开始】选项卡，在【数字】组中可以设置要输入的数字数据的类型、样式以及小数点格式等。单击【数字】组右侧的对话框启动器，可以打开【设置单元格格式】对话框的【数字】选项卡，在该选项卡中同样可以对数字数据进行设置。

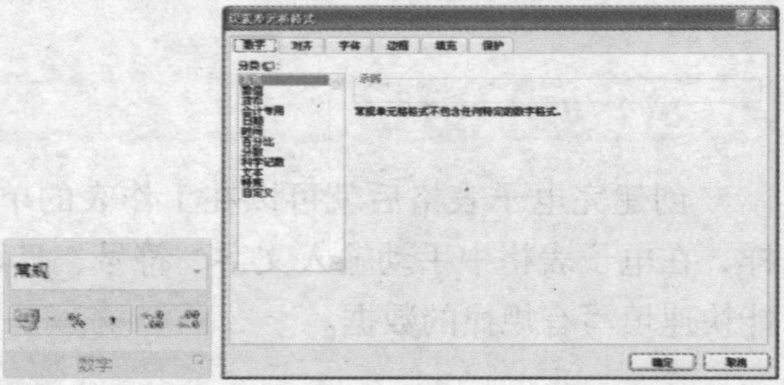

【例6-6】创建“员工工资表”工作簿，并在Sheet1工作表中输入数据。视频+素材

01 启动Excel 2007应用程序，打开空白工作簿，并将其以“员工工资表”名保存。

02 在Sheet1工作表中选定A1单元格，然后输入文本标题“员工工资表”。

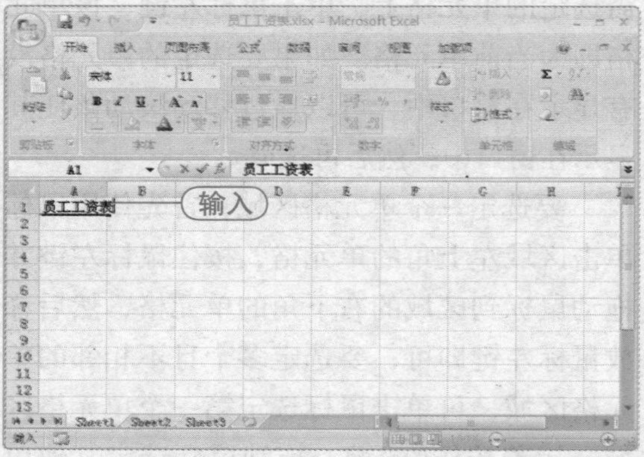

注意事项

当单元格处于选定状态时，在键盘中分别按下【→】、【←】、【↑】和【↓】键可以分别选定被选定单元格右侧、左侧、上方或下方的单元格。

03 使用同样的方法，在A3:H3单元格区域中分别输入列标题文本"编号"、"姓名"、"职务"、"部门"、"基本工资"、"绩效奖金"、"午餐补助"和"实发工资"。

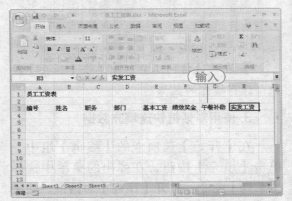

04 在行号为4的行中输入一条数据记录，在A4单元格中输入"'2009001"，在B4单元格中输入"陈笑"，在C4单元格中输入"经理"，在D4单元格中输入"编辑部"，在E4单元格中输入2500，在F4单元格中输入3000，在G4单元格中输入200。

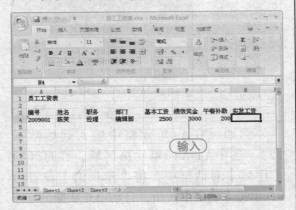

专家指点

在Excel中，对于全部由数字组成的字符串，例如邮政编码、电话号码等，为了避免其被系统认为是数字型数据，Excel 2007提供了在这些输入项前添加"'"的方法，来区分是数字字符串，而非数字数据。

05 使用同样的方法在B5:F20单元格区域中输入文本和数据。

06 选取E4：H20单元格区域，在【开始】选项卡的【数字】组中，单击【常规】下拉按钮，从弹出的列表框中选择【货币】选项。

07 单击【货币样式】下拉按钮，从弹出的下拉列表框中选择【中文】选项，应用人民币格式。

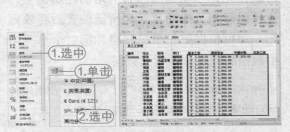

08 选定G2单元格，将鼠标光标移动到数据编辑栏处单击，将插入点定位到编辑栏中，然后输入数据"2009-10-31"，然后按回车键，Excel 2007会自动将用户输入的数字转换为长日期格式。

09 在快速访问工具栏中单击【保存】按钮，保存输入的数据。

6.4.4 自动填充数据

在制作表格时，有时需要输入一些相同或有规律的数据。如果手动依次输入这些数据，会占用很多时间。Excel 2007针对这类数据提供了自动填充功能，可以大大提高输入效率。

1. 使用控制柄填充相同的数据

选定单元格或单元格区域时会出现一个黑色边框的选区，此时选区右下角会出现一个控制柄，鼠标光标移动至它的上方时会变成"**╋**"形状，通过拖动该控制柄可实现数据的快速填充。

2. 使用控制柄填充有规律的数据

填充有规律的数据的方法为：在起始单元格中输入起始数据，在第二个单元格中输入第二个数据，然后选择这两个单元格，将鼠标光标移动到选区右下角的控制柄上，按住鼠标左键拖动鼠标至所需位置后释放鼠标，即可根据第一个单元格和第二个单元格中数据的特点自动填充数据。

【例6-7】在"员工工资表"工作簿中，使用控制柄自动填充有规律的数据。⊙视频+⊡素材

⓵ 启动Excel 2007应用程序，打开"员工工资表"工作簿。

⓶ 在Sheet1工作表中选定G4单元格，此时选区右下角会出现一个控制柄，鼠标光标移动至它的上方时会变成"**╋**"形状，按住鼠标左键并拖动鼠标到单元格G20中，释放鼠标左键，G5:G20单元格区域中填充了相同的数据。

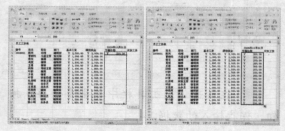

⓷ 选定单元格A5，在其中输入"'2009002"，然后选定A4:A5单元格区域，鼠标光标移动到选区右下角的控制柄上出现"**╋**"形状，按住鼠标左键并拖动鼠标到单元格A20中。释放鼠标左键，此时在A6:A20单

元格区域中填充了有规律的数据。

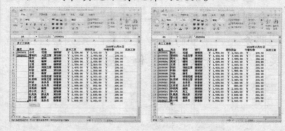

⓸ 在快速访问工具栏中单击【保存】按钮，保存填充的数据。

3. 使用对话框快速填充数据

在【开始】选项卡的【编辑】组中，单击【填充】按钮，在弹出的菜单中选择【系列】命令，打开【序列】对话框。使用该对话框可以快速填充等差、等比、日期等特殊数据，即在【序列产生在】、【类型】、【日期单位】选项区域中选择需要的选项，然后设置【预测趋势】、【步长值】和【终止值】等选项，然后单击【确定】按钮即可。

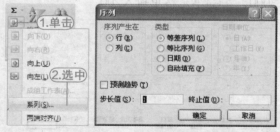

例如，在A1单元格中输入起始数据123，选中A1:A10单元格区域，在打开的【序列】对话框中，将【步长值】设置为9，单击【确定】按钮，自动填充数据。

◁ **注意事项** ▷

要升序排列，可从上到下或从左到右填充。而降序排列，则从下到上或从右到左填充。

6.5 编辑数据

如果在单元格中输入数据时发生了错误，或者要改变单元格中的数据时，则需要对数据进行编辑。用户可以方便地删除单元格中的内容，用全新的数据替换原数据，或者对数据进行一些细微的变动。

6.5.1 修改数据

在日常工作中，用户可能需要替换以前在单元格中输入的数据，要做到这一点非常容易。当单击单元格使其处于活动状态时，单元格中的数据会被自动选取，一旦开始输入，单元格中原数据就会被新输入的数据所取代。

如果单元格中包含大量的字符或复杂的公式，而用户只想修改其中的一部分，那么可以按以下两种方法进行编辑：

🔹 直接修改单元格数据：双击单元格，或者单击单元格后按F2键，在单元格中进行编辑。

🔹 通过编辑栏修改单元格数据：选定需要修改数据的单元格，然后将光标定位在编辑栏中进行编辑。

6.5.2 移动或复制数据

在Excel 2007中，不但可以复制整个单元格，还可以复制单元格中的指定内容。也可通过单击粘贴区域右下角的【粘贴选项】来变换单元格中要粘贴的部分。

1. 使用菜单命令移动或复制数据

在Excel 2007中，移动或复制单元格或区域数据的方法基本相同。选中单元格数据后，在【开始】选项卡的【剪贴板】组中，单击【复制】按钮 或【剪切】按钮 ，然后单击要粘贴数据的位置并在【剪贴板】组中单击【粘贴】按钮 ，即可将单元格数据移动或复制到新位置。

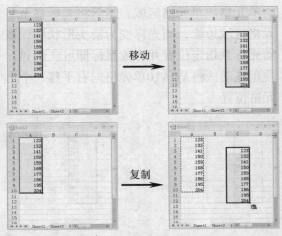

在进行单元格或单元格区域的复制操作时，有时只需要复制其中的特定内容而不是所有内容，这时可以使用【选择性粘贴】命令来完成该操作。单击【粘贴】按钮下面的倒三角按钮，在弹出的菜单中选择【选择性粘贴】命令，可以打开【选择性粘贴】对话框。在该对话框中可以实现加、减、乘、除运算，以及只粘贴公式、数值和格式等操作。

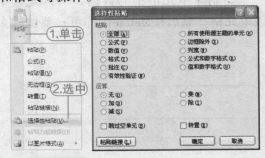

> ◉ 专家指点 ◉
>
> 在Excel 2007中，【复制】操作与【剪切】操作的区别在于：执行【剪切】与【粘贴】操作后，原位置上的数据会被删除，而执行【复制】与【粘贴】操作后会保留原位置上的数据。

2. 使用拖动法移动或复制数据

在Excel 2007中，还可以使用鼠标拖动法来移动或复制单元格内容。

要移动单元格内容，应首先选定要移动的单元格或单元格区域，然后将光标移至单元格区域边缘，当光标变为箭头形状后，拖动光标到指定位置并释放鼠标即可。例如，使用拖动法将A1:A10单元格向右平移一个单元格位置。

要复制选定单元格或单元格区域的内容，同样首先选定要复制数据的单元格或单元格区域，然后将光标移至单元格区域边缘。等光标变为常规形状后，按下Ctrl键，拖动光标到指定位置并释放鼠标即可。

6.5.3 删除数据

要删除单元格中的数据，可以先选中该单元格，然后按Delete键即可；要删除多个单元格中的数据，则可同时选定多个单元格，然后按Delete键。

当使用Delete键删除单元格（或一组单元格）的内容时，只有输入的数据从单元格中被删除，单元格的其他属性，如格式、注释等仍然保留。

如果想要完全地控制对单元格的删除操作，只使用Delete键是不够的。在【开始】选项卡的【编辑】组中，单击【清除】按钮 2·，在弹出的快捷菜单中选择相应的命令，即可删除单元格中的相应内容。

各命令选项的说明如下：

● 全部清除：彻底删除单元格中的全部内容、格式和批注。

● 清除格式：只删除格式，保留单元格中的数据。

● 清除内容：只删除单元格中的内容，保留其他的所有属性。

● 清除批注：只删除单元格附带的注释。

Chapter

07

美化工作表

使用Excel 2007可以对工作表进行格式化操作，使其更加美观。Excel 2007提供了丰富的格式化命令，利用这些命令可以具体设置工作表与单元格的格式。Excel 2007还有支持图形处理功能，允许向工作表中添加图形、图片和艺术字等对象，帮助用户更进一步地美化工作表。

- 设置单元格格式
- 设置行列格式
- 设置工作表样式
- 添加对象修饰工作表
- 创建页眉和页脚

参见随书光盘

7.1 设置单元格格式

在Excel 2007中，对工作表中的不同单元格数据，可以根据需要设置不同的格式，如文本的对齐方式和字体、单元格的边框和图案等。

7.1.1 设置单元格的方法

在Excel 2007中，通常在【开始】选项卡中设置单元格的格式。对于简单的格式化操作，可以直接通过【开始】选项卡中的按钮来进行，如设置字体、对齐方式、数字格式等。对于比较复杂的格式化操作，则需要在【设置单元格格式】对话框中来完成。

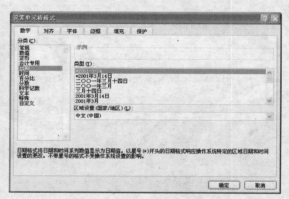

在【开始】选项卡的【字体】组、【对齐方式】组或【数字】组中单击对话框启动器，即可打开【设置单元格格式】对话框。该对话框包含【数字】、【对齐】、【字体】、【边框】、【填充】及【保护】6个选项卡，用户可以根据需要选择相应选项卡进行设置。

7.1.2 设置字体格式

为了使工作表中的某些数据醒目和突出，也为了使整个版面更为丰富，通常需要对不同的单元格设置不同的字体。

打开【开始】选项卡，在【字体】组中，使用相应的工具按钮可以完成简单的字体设置工作。若对字体格式设置有更高要求，可以打开【设置单元格格式】对话框的

【字体】选项卡，在该选项卡中按照需要进行字体、字形、字号等详细设置。

【例7-1】在"员工工资表"工作簿中，设置标题与列标题文字格式为粗体，并设置标题字体为华文琥珀，字体大小为16。◇视频+◇素材

01 启动Excel 2007应用程序，打开"员工工资表"工作簿，默认打开Sheet1工作表。

02 选中标题单元格A1，在【开始】选项卡【字体】组中单击对话框启动器，打开【设置单元格格式】对话框的【字体】选项卡。

03 在【字体】列表框中选择【华文琥珀】选项，在【字形】列表框中选择【加粗】选项，在【字号】列表框中选择【16】选项，单击【确定】按钮，完成设置。

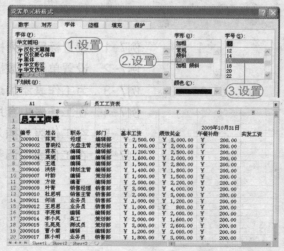

04 选择行号为3的行，在【开始】选项卡的【字体】组中单击【加粗】按钮 B ，将

列标题文字以粗体格式显示。

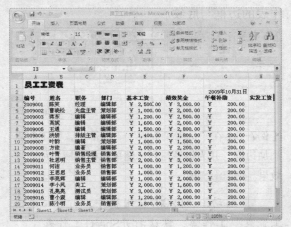

⑤ 在快速访问工具栏中单击【保存】按钮，保存所作的设置。

7.1.3 设置对齐方式

对齐是指单元格中的内容在显示时相对单元格上下左右的位置。默认情况下，单元格中的文本靠左对齐，数字靠右对齐，逻辑值和错误值居中对齐。此外，Excel还允许用户为单元格中的内容设置其他对齐方式，如合并后居中、旋转单元格中的内容等。

对于简单的对齐操作，可以直接单击【对齐方式】组中的按钮来完成。如果要设置较复杂的对齐操作，可以使用【设置单元格格式】对话框的【对齐】选项卡来完成。

【例7-2】在"员工工资表"工作簿中，设置单元格数据的对齐方式。

① 启动Excel 2007应用程序，打开"员工工资表"工作簿，默认打开Sheet1工作表。

② 选中A1:H1单元格区域，在【开始】选项卡的【对齐方式】组中，单击【合并后

居中】按钮，此时A1单元格中的文字在A1:H1单元格区域中居中显示。

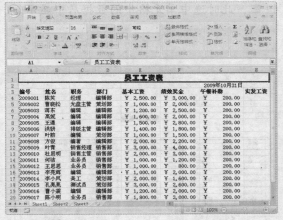

> **注意事项**
>
> 单击【合并后居中】按钮旁的倒三角按钮，可以在弹出的菜单中选择合并方式，例如跨越合并、合并单元格。若要取消单元格合并，可在该菜单中选择【取消单元格合并】命令。

③ 选中G2单元格，在【开始】选项卡【对齐方式】组中单击对话框启动器，打开【设置单元格格式】对话框的【对齐】选项卡。

④ 在【水平对齐】下拉列表框中选择【居中】选项，在【方向】微调框中输入15度，单击【确定】按钮，完成方向的设置。

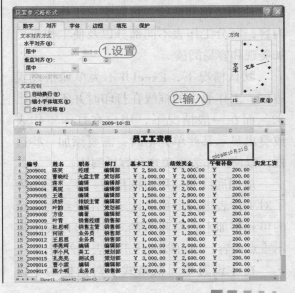

05 选中A3:H20单元格区域，在【开始】选项卡的【对齐方式】组中单击【居中】按钮，此时选中单元格中的数据居中显示。

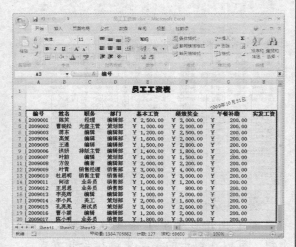

06 在快速访问工具栏中单击【保存】按钮，保存对齐方式的设置。

◎ 专家指点 ◎

在Excel 2007中还能设置垂直对齐方式，选中单元格区域，打开【设置单元格格式】对话框的【对齐】选项卡，在【垂直对齐】下拉列表框中进行设置。

7.1.4 设置边框和底纹

使用边框和底纹，可以突出工作表重点内容，区分工作表不同部分以及使工作表更加美观和容易阅读。

默认情况下，Excel并不为单元格设置边框，工作表中的框线在打印时并不显示出来。而在一般情况下，用户在打印工作表或突出显示某些单元格时，需要添加一些边框，以使工作表更美观和容易阅读。

应用底纹和应用边框目的一样，都是为了对工作表进行形象设计。使用底纹为特定的单元格加上色彩和图案，不仅可以突出显示重点内容，还可以美化工作表的外观。

在【设置单元格格式】对话框的【边

框】与【填充】选项卡中，可以分别设置工作表的边框与底纹。

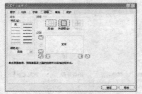

【例7-3】 在"员工工资表"工作簿中，为工作表添加边框，并为标题与列标题单元格区域添加底纹效果。◎视频+◎素材

01 启动Excel 2007应用程序，打开"员工工资表"工作簿，默认打开Sheet1工作表。

02 选定A3:H20单元格区域，在【开始】选项卡的【数字】组中单击右下角的对话框启动器，打开【设置单元格格式】对话框。

03 打开【边框】选项卡，在【样式】列表框中选择右侧列的第6个线条样式，然后在【边框】选项区域中依次单击按钮和按钮，然后单击【确定】按钮，完成设置。

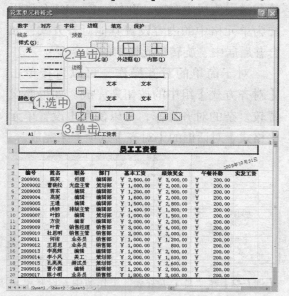

◎ 专家指点 ◎

要为工作表添加内边框或外边框，可以在【边框】选项卡的【样式】列表框中选择边框样式后，在【预置】区域中单击【内部】按钮或单击【外边框】按钮。

　　04 选择标题单元格，打开【设置单元格格式】对话框的【填充】选项卡，在【背景色】选项区域中选择单元格的底纹颜色，在【图案颜色】下拉列表框中选择一种图案颜色，在【图案样式】下拉列表框中选择一个底纹图案样式，单击【确定】按钮，完成设置。

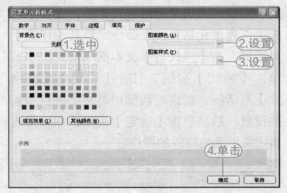

　　05 使用同样的方法，设置列标题的底纹效果。

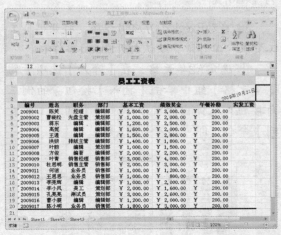

　　06 在快速访问工具栏中单击【保存】按钮，保存设置的边框和底纹效果。

　　○专家指点○

隐藏显示工作表的网格线，可以更加清楚地显示边框效果。要隐藏网格线，可以单击Office按钮，从弹出的菜单中单击【Excel选项】按钮，打开【Excel选项】对话框，在【高级】选项卡的【此工作簿的显示选项】选项区域中取消选中【显示网格线】复选框。

7.1.5 套用单元格样式

　　样式就是字体、字号和缩进等格式设置特性的组合，将这一组合作为集合加以命名和存储。应用样式时，将同时应用该样式中所有的格式设置指令。

　　在Excel 2007中自带了多种单元格样式，如果要使用这些内置单元格样式，可以先选中需要设置样式的单元格或单元格区域，然后再对其应用内置的样式。

　　【例7-4】 在"员工工资表"工作簿中，为A4:A20单元格区域套用内置单元格样式。●视频+●素材

　　01 启动Excel 2007应用程序，打开"员工工资表"工作簿，默认打开Sheet1工作表。

　　02 选定A4:A20单元格区域，在【开始】选项卡的【样式】组中单击【单元格样式】按钮，弹出单元格样式菜单，选择【强调文字颜色2】选项，则选定的单元格区域会自动套用【强调文字颜色2】样式。

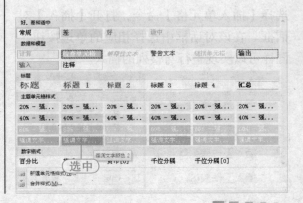

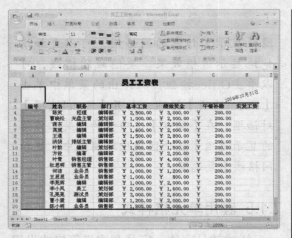

除了套用内置的单元格样式外，用户还可以创建自定义的单元格样式，并将其套用到指定的单元格或单元格区域中。

要创建自定义单元格样式，首先选中要套用自定义格式的单元格区域，然后在【开始】选项卡的【样式】组中单击【单元格样式】按钮，弹出单元格样式菜单，在其中选择【新建单元格样式】命令，打开【样式】对话框，在【样式名】文本框中输入文字，单击【格式】按钮，打开【设置单元格格式】对话框，在该对话框中对文字进行格式的设置，最后单击【确定】按钮，即可完成自定义单元格样式的操作。

03 在快速访问工具栏中单击【保存】按钮，保存套用的单元格样式。

◯ 专家指点 ◯

如果要删除某个不再需要的单元格样式，可以在单元格样式菜单中右击要删除的单元格样式，在弹出的快捷菜单中选择【删除】命令即可。

7.2 设置行列格式

在编辑工作表的过程中，经常需要进行插入或删除行与列、调整行高与列宽等编辑操作，接下来就介绍在Excel 2007工作表中设置行、列格式的相关操作。

7.2.1 插入行与列

在工作表中选择要插入行、列的位置，在【开始】选项卡的【单元格】组中单击【插入】按钮旁的倒三角按钮，在弹出的菜单中选择相应命令即可插入行、列。在其中选择【插入单元格】命令，打开【插入】对话框。在该对话框中选择相应的单选按钮，同样可以实现整行与整列的插入。

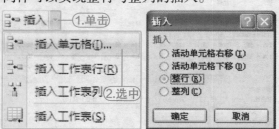

【例7-5】在"员工工资表"工作簿中，插入新的A列与第10行。●视频+◎素材

01 启动Excel 2007应用程序，打开"员工工资表"工作簿，默认打开Sheet1工作表。

02 选定A2单元格，在【开始】选项卡的【单元格】组中单击【插入】按钮旁的倒三角按钮，从弹出的菜单中选择【插入工作表列】命令，即可插入新的A列。

③ 选定A10单元格，在【开始】选项卡的【单元格】组中，单击【插入】按钮旁的倒三角按钮，从弹出的菜单中选择【插入单元格】命令，打开【插入】对话框。

④ 选中【整行】单选按钮，单击【确定】按钮，将插入新的第10行。

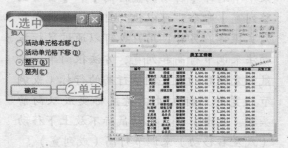

○ 专家指点 ○

右击单元格，从弹出的快捷菜单中选择【插入】命令，同样可以打开【插入】对话框。

⑤ 在快速访问工具栏中单击【保存】按钮，保存插入行与列后的工作表。

7.2.2 删除行与列

当不再需要工作表的某些数据及其位置时，可以将它们删除。需要在当前工作表中删除某行（列）时，单击行号（列标），选择要删除的整行（列），然后在【开始】选项卡的【单元格】组中单击【删除】按钮旁的倒三角按钮，在弹出的菜单中选择【删除工作表行（列）】命令。被选择的行（列）将从工作表中消失，各行（列）自动上（左）移。

○ 注意事项 ○

这里的删除与按下Delete键删除单元格或区域的内容不一样。按Delete键仅清除单元格内容，其空白单元格仍保留在工作表中；而删除行、列、单元格或区域，其内容和单元格将一起从工作表中消失，空的位置由周围的单元格补充。

若在弹出的菜单中选择【删除单元格】命令，则打开【删除】对话框。在该对话框中可以设置删除单元格或区域后其他位置的单元格如何移动。

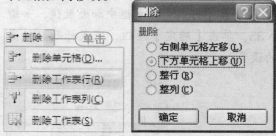

7.2.3 调整行高与列宽

在向单元格输入文字或数据时，经常会出现这样的现象：有的单元格中的文字只显示了一半；有的单元格中显示的是一串"#"符号，而在编辑栏中却能看见对应单元格的数据。出现这些现象的原因在于单元格的宽度或高度不够，不能将其中的文字正确显示。因此，需要对工作表中单元格的高度和宽度进行适当的调整。

【例7-6】在【例7-4】创建的"员工工资表"工作簿中，调整列宽与行高。 ◇视频+◇素材

① 启动Excel 2007应用程序，打开【例7-4】创建的"员工工资表"工作簿。

② 选择工作表的E、F、G、H列，然后在【开始】选项卡的【单元格】组中，单击【格式】按钮旁的倒三角按钮。在弹出的菜单中选择【列宽】命令，打开【列宽】对话框。

③ 在【列宽】文本框中输入列宽的数值12，单击【确定】按钮，完成列宽的设置。

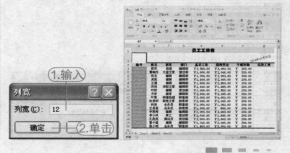

04 工作表中选择标题所在行，然后在【开始】选项卡的【单元格】组中单击【格式】按钮旁的倒三角按钮，在弹出的菜单中选择【行高】命令，打开【行高】对话框。

05 在【行高】文本框中加大数值，如输入35，单击【确定】按钮，完成标题行行高的设置。

06 在快速访问工具栏中单击【保存】按钮，保存调整行高和列宽后的工作簿。

◎ 专家指点 ◎

在【开始】选项卡的【单元格】组中单击【格式】按钮旁的倒三角按钮，在弹出的菜单中选择【自动调整行高】和【自动调整列宽】命令，可以执行自动调整行高和列宽操作。另外，用户也可以通过鼠标拖动法来调节行高和列宽，方法很简单：将鼠标光标移动到要调节行高的行标（或调节列宽的列标）处，待鼠标变成双向箭头（或）时，拖动鼠标不放上下移动（或左右移动）来调节行高（或列宽）。

7.3 设置工作表样式

在Excel 2007中，不仅能为单元格设置样式，还可以为工作表设置样式。系统提供了多种内置样式，可以直接套用到工作表中。用户也可以根据自身的需要设置工作表背景和工作表标签颜色，以美化工作表。

7.3.1 套用表格样式

在Excel 2007中，除了可以套用单元格样式外，还可以套用整个工作表样式，节省格式化工作表的时间。在【开始】选项卡的【样式】组中，单击【套用表格格式】按钮，在弹出的工作表样式菜单中单击要套用的工作表样式，打开【套用表格式】对话框。用户可以在【表数据的来源】文本框中输入要应用样式的单元格区域，单击【确定】按钮，即可自动套用表格的样式。

【例7-7】在【例7-6】创建的"员工工资表"工作簿的Sheet1工作表中，套用【表样式中等深浅10】表格样式。 视频+素材

01 启动Excel 2007应用程序，打开"员工工资表"工作簿，默认打开Sheet1工作表。

02 在【开始】选项卡的【样式】组中，单击【套用表格格式】按钮，从弹出的菜单中选择【表样式中等深浅10】选项，打开【套用表格式】对话框。

03 单击 按钮，返回工作表中选择A3:H20单元格区域。

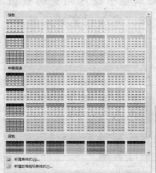

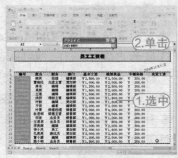

04 再次单击 按钮，展开对话框选项，单击【确定】按钮，套用【表样式中等深浅10】样式。

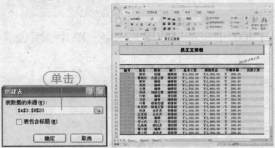

05 在快速访问工具栏中单击【保存】按钮，保存所设置的工作表。

7.3.2 设置工作表背景

为了使工作表更加美观，用户还可以为其设置背景图片。

要设置工作表背景，在【页面布局】选项卡的【页面设置】组中单击【背景】按钮，打开【工作表背景】对话框。在该对话框中选择背景图片，单击【确定】按钮，即可应用图片背景。

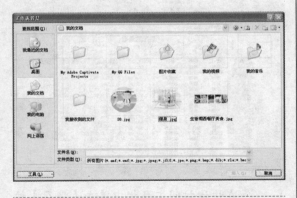

【例7-8】在【例7-5】创建的"员工工资表"工作表中，设置工作表背景。 视频+素材

01 启动Excel 2007应用程序，打开【例7-5】创建的"员工工资表"工作簿。

02 打开【页面布局】选项卡，在【页面设置】组中单击【背景】按钮，打开【工作表背景】对话框。

03 选择一张图片后，单击【插入】按钮，即可设置工作表背景。

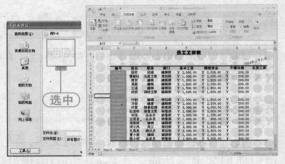

◎ 专家指点 ◎

在工作表中设置了图片背景后，【页面设置】组中【背景】按钮变为【删除背景】按钮，单击该按钮，即可删除背景图片。

04 在快速访问工具栏中单击【保存】按钮，保存设置后的工作表。

7.3.3 设置工作表标签颜色

在Excel 2007中，可以通过设置工作表标签颜色达到突出显示该工作表的目的。

【例7-9】在【例7-8】创建的"员工工资表"工作簿中，设置工作表标签颜色。 视频+素材

01 启动Excel 2007应用程序，打开【例7-8】创建的"员工工资表"工作簿。

02 默认打开Sheet1工作表，在【开始】选项卡的【单元格】组中单击【格式】按钮，从弹出的快捷菜单中选择【工作表标签颜色】|【红色，强调文字颜色2，深度50%】命令。

03 此时工作表标签将应用红色色块。

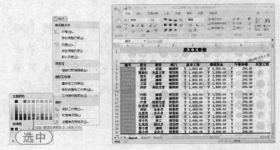

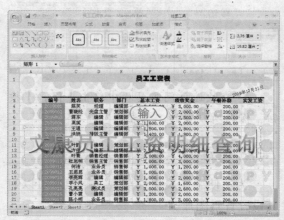

04 在快速访问工具栏中单击【保存】按钮，保存设置后的工作表。

7.4 添加对象修饰工作表

与在Word 2007文档中添加对象类似，在Excel 2007中也可以使用艺术字、图片、图表等对象来修饰工作表。

7.4.1 插入艺术字

要想在表格中插入效果绚丽的文本，则可以使用艺术字功能。在Excel 2007中预设了多种样式的艺术字，用户可以将艺术字插入到工作表中。

【例7-10】在【例7-9】创建的"员工工资表"工作簿中，插入艺术字。◎视频+◎素材

01 启动Excel 2007应用程序，打开【例7-9】创建的"员工工资表"工作簿。

02 默认打开Sheet1工作表，在【插入】选项卡的【文本】组中单击【艺术字】按钮，从弹出的菜单中选择一种艺术字样式。

03 此时工作表中将显示添加的艺术字占位符。

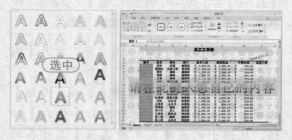

04 直接输入文字"文康员工工资明细查询"。

> **注意事项**
>
> 插入艺术字后，将激活绘图工具的【格式】选项卡，在【艺术字样式】组中单击【其他】按钮，从弹出的艺术字样式菜单中选择艺术字样式，可更改艺术字效果；选择【清除艺术字】命令，可删除艺术字效果。

05 选定艺术字对象，打开【开始】选项卡，在【字体】组的【字号】下拉列表框中选择32选项，并调节艺术字的位置。

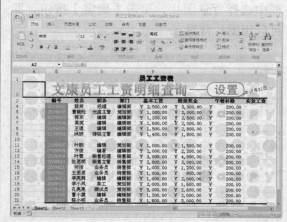

06 在快速访问工具栏中单击【保存】按钮，保存插入了艺术字的工作表。

7.4.2 插入图片

Excel 2007自带很多剪贴画，用户只需在剪贴画库中单击要插入的图形即可使用该图形。另外，用户还可以插入已有的图片文件，以达到美化工作表的目的。目前Excel

2007支持几乎所有常用图片格式。

【例7-11】在【例7-10】的"员工工资表"工作簿中，插入本地磁盘中的图片。

01 启动Excel 2007应用程序，打开【例7-10】创建的"员工工资表"工作簿。

02 默认打开Sheet1工作表，在【插入】选项卡的【插图】组中单击【图片】按钮，打开【插入图片】对话框。

03 选择要插入的图片，然后单击【插入】按钮，即可将图片插入至"员工工资表"工作簿中。

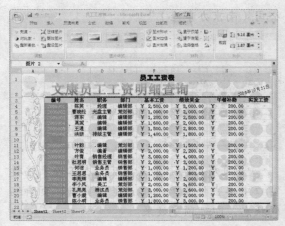

04 拖动图片四周的控制点调整其大小，并将其拖放至适当位置。

05 此时自动激活图片工具的【格式】选项卡，在【图片样式】组中，单击【图片效果】按钮，从弹出的菜单中选择【发光】|【强调文字颜色3，11pt发光】命令，为图片应用效果。

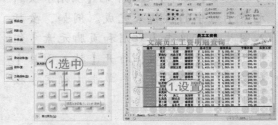

06 在快速访问工具栏中单击【保存】按钮，保存插入了图片的工作表。

7.5 创建页眉和页脚

页眉是自动出现在每一个打印页顶部的文本，而页脚是显示在每一个打印页底部的文本，本节将介绍如何创建页眉和页脚。

页眉和页脚在打印工作表时非常有用，通常可以将有关工作表的标题放在页眉中，而将页码放置在页脚中。如果要在工作表中添加页眉或页脚，需要在【插入】选项卡的【文本】组中进行设置。

【例7-12】在【例7-11】的"员工工资表"工作簿中，添加页眉和页脚。

01 启动Excel 2007应用程序，打开【例7-11】创建的"员工工资表"工作簿。

02 默认打开Sheet1工作表，在【插入】选项卡的【文本】组中，单击【页眉和页脚】按钮，打开【页眉和页脚工具】的【设计】选项卡。

03 默认打开页眉编辑状态，在工作表中输入要添加的页眉信息"绝密文件"。

04 在【设计】选项卡的【导航】组中，单击【转至页脚】按钮，切换至页脚编辑状态，输入页脚信息"北京文康电脑信息有限公司（南京办事处）"。

05 页眉页脚添加完毕后，在工作表编辑窗口中单击任意单元格，退出页眉、页脚编辑状态，即可预览效果。

◀ 专家指点 ▶

在工作表的页眉或页脚中，还可以根据需要插入各种元素，包括页码、页数、当前时间、文件路径以及图片等，这些项目都可以通过【设计】选项卡的【页眉和页脚元素】组中的按钮来完成。例如，要插入图片，可单击【页眉和页脚元素】组中的【图片】按钮，打开【插入图片】对话框，选择图片后，单击【确定】按钮即可。

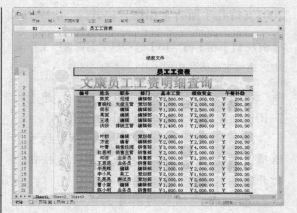

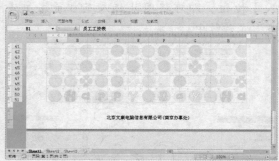

06 在快速访问工具栏中单击【保存】按钮，保存"员工工资表"工作簿。

Chapter 08

数据的计算和分析

公式是函数的基础，它是单元格中的一系列值、单元格引用、名称或运算符的组合，利用其可以生成新的值。函数则是Excel预定义的内置公式，可以进行数学、文本、逻辑的运算或者查找工作表的信息。本章将详细介绍在Excel 2007中进行数据计算和分析的方法。

- 初识运算符
- 使用公式
- 使用函数
- 排序数据
- 筛选数据
- 分类汇总
- 使用图表分析数据
- 打印工作表

 参见随书光盘

8.1 初识运算符

在Excel 2007中，公式遵循一个特定的语法或次序：最前面是等号"="，后面是参与计算的数据对象和运算符。每个数据对象可以是常量数值、单元格或引用的单元格区域、标志、名称等。运算符用来连接要运算的数据对象，并说明进行了哪种公式运算。本节将介绍公式运算符的类型与优先级。

8.1.1 运算符的类型

运算符对公式中的元素进行特定类型的运算。Excel 2007中包含了4种类型的运算符：算术运算符、比较运算符、文本链接运算符与引用运算符。

1. 算术运算符

如果要完成基本的数学运算，如加法、减法和乘法等，可以使用如下表所示的算术运算符。

运算符	含　义	示　例
+（加号）	加法运算	5+5
–（减号）	减法运算或负数	5–1或–1
*（星号）	乘法运算	5*5
/（正斜线）	除法运算	5/5
%（百分号）	百分比	50%
^（插入符号）	乘幂运算	5^2

2. 比较运算符

使用如下表所示的运算符，可以比较两个值的大小。当用运算符比较两个值时，结果为逻辑值，满足运算符则为TRUE，反之则为FALSE。

运算符	含　义	示　例
=（等号）	等于	A1=B1
>（大于号）	大于	A1>B1
<（小于号）	小于	A1<B1
>=（大于等于号）	大于或等于	A1>=B1
<=（小于等于号）	小于或等于	A1<=B1
<>（不等号）	不相等	A1<>B1

3. 文本链接运算符

使用和号（&）可以将两个文本值连接或串起来产生一个连续的文本值。例如，A1单元格中为2009，A2单元格中为"南京"，A3单元格中为"国际书展"，那么公式 = A1&A2&A3的值应为"2009南京国际书展"。

4. 引用运算符

单元格引用就是用于表示单元格在工作表上所处位置的坐标集。例如，显示在第 B 列和第 3 行交叉处的单元格，其引用形式为B3。使用如下表所示的引用运算符可以将单元格区域合并计算。

运算符	含　义	示　例
:（冒号）	区域运算符，产生对包括在两个引用之间的所有单元格的引用	（A5:A15）
,（逗号）	联合运算符，将多个引用合并为一个引用	SUM（A5:A15,C5:C15）
（空格）	交叉运算符，产生对两个引用共有的单元格的引用	（B7:D7 C6:C8）

比如，A1 = B1 + C1 + D1 + E1+F1，如果

使用引用运算符，就可以把这一运算公式写为：A1 = SUM（B1:F1）。

8.1.2 运算符的优先级

如果公式中同时用到多个运算符，Excel 2007将会依照运算符的优先级来依次完成运算。如果公式中包含相同优先级的运算符，例如公式中同时包含乘法和除法运算符，则Excel将从左到右进行计算。

如果要更改求值的顺序，可以将公式中需要先计算的部分用括号括起来。例如，公式"=8+3*4"的值是20，因为Excel 2007按先乘除后加减的顺序进行运算，即先将3与4相乘，然后再加上8，得到结果20。若在公式上添加括号，如"=（8+3）*4"，则Excel

2007先用8加上3，再用结果乘以4，得到结果44。

Excel 2007中的运算符优先级如下表所示。其中，运算符优先级从上到下依次降低。

运算符	说　明
:（冒号）（单个空格），（逗号）	引用运算符
−	负号
%	百分比
^	乘幂
* 和 /	乘和除
+ 和 −	加和减
&	连接两个文本字符串（连接）
= < > <= >= <>	比较运算符

8.2　使用公式

在工作表中输入数据后，可通过Excel 2007中的公式对这些数据进行自动、精确、高速的运算处理。

8.2.1 公式的基本操作

在学习应用公式时，首先应掌握公式的基本操作，包括输入、修改、显示、复制以及删除等。

1. 输入公式

在Excel 2007中输入公式的方法与输入文本的方法类似，具体步骤为：选择要输入公式的单元格，然后在编辑栏中直接输入"="符号，然后输入公式内容，按Enter键即可将公式运算的结果显示在所选单元格中。

【例8-1】在"员工工资表"工作簿中的H5单元格中输入公式"= E5+F5+G5"。

①启动Excel 2007应用程序，打开"员工工资表"工作簿的Sheet1工作表。

②选定H5单元格，输入公式"=E5+F5+G5"。

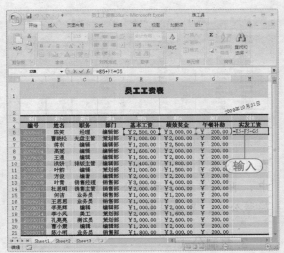

③按Enter键或者单击编辑栏上的☑按钮，即可在H5单元格中显示公式计算结果，即陈笑的实发工资。

04 在快速访问工具栏中单击【保存】按钮，保存所作的设置。

用户可以对公式进行修改，具体方法为：选择需要修改公式的单元格，在编辑栏中使用修改文本的方法对公式进行修改，按Enter键即可。

2. 显示公式

默认设置下，在单元格中只显示公式计算的结果，而公式本身则只显示在编辑栏中。为了方便用户检查公式的正确性，可以设置在单元格中显示公式。

在【公式】选项卡的【公式审核】组中单击【显示公式】按钮，即可设置在单元格中显示公式。

在【公式】选项卡的【公式审核】组中，再次单击【显示公式】按钮，即可隐藏公式，显示结果。

3. 复制公式

通过复制公式操作，可以快速地在其他单元格中输入公式。复制公式的方法与复制数据的方法相似，但在Excel 2007中，复制公式往往与公式的相对引用（本章后面的小节中将有介绍）结合使用，以提高输入公式的效率。

【例8-2】在"员工工资表"工作簿中，将H5单元格中的公式复制到H6:H21单元格区域中。

01 启动Excel 2007应用程序，打开"员工工资表"工作簿的Sheet1工作表。

02 选定H5单元格，将光标移至H5单元格的右下方，当其变为✚形状时，按住鼠标左键并向下拖动至H21单元格。

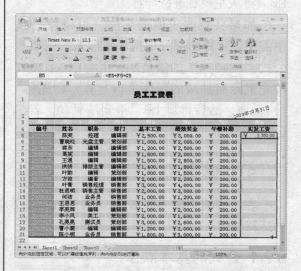

03 释放鼠标后，Excel 2007会自动将H5单元格中的公式复制到H6:H21单元格中。

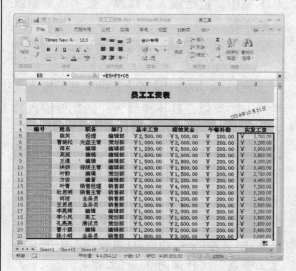

04 在快速访问工具栏中单击【保存】按钮，保存所作的设置。

专家指点

在工作表中选定单元格,按Ctrl+C快捷键复制单元格中的公式,然后在目标单元格中按Ctrl+V快捷键,可以快速粘贴复制的公式。若公式引用的单元格中的数据发生改变,则存放计算结果的单元格的数据也会发生改变。

4. 删除公式

在Excel 2007中,当使用公式计算出结果后,可以设置删除该单元格中的公式,并保留结果。

【例8-3】在"员工工资表"工作簿中,删除H5:H21单元格区域中的公式,但保留计算结果。

🎬视频 + 📁素材

01 启动Excel 2007应用程序,打开"员工工资表"工作簿的Sheet1工作表。

02 选定H5:H21单元格区域,在【开始】选项卡的【剪贴板】组中,单击【复制】按钮。

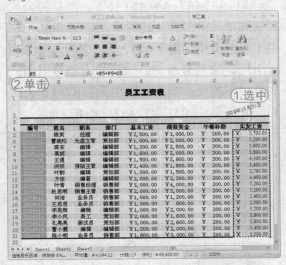

03 在【开始】选项卡的【剪贴板】组中单击【粘贴】按钮下方下拉箭头,在弹出的菜单中选择【选择性粘贴】命令,打开【选择性粘贴】对话框。

04 在【粘贴】选项区域中选中【数值】

单选按钮,然后单击【确定】按钮,即可删除H5:H21单元格区域中的公式但保留结果。

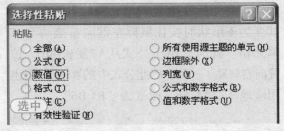

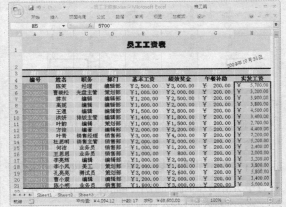

05 在快速访问工具栏中单击【保存】按钮,保存所作的设置。

8.2.2 公式引用

公式的引用就是对工作表中的一个或一组单元格进行标识,从而告诉公式使用哪些单元格的值。通过引用,可以在一个公式中使用工作表不同部分的数据,或者在几个公式中使用同一单元格的数值。在Excel 2007中,引用公式的常用方式包括相对引用、绝对引用与混合引用。

1. 相对引用

相对引用包含了当前单元格与公式所在单元格的相对位置。默认设置下,Excel 2007使用的都是相对引用,当改变公式所在单元格的位置时,引用也随之改变。

例如,在单元格区域A1:A6中分别输入"1、2、3、4、5、6",在B1:B6中分别输入"6、5、6、3、2、0"。然后在A7单元格中输入公式"=SUM（A1:A6）"，单击编辑栏中的【输入】按钮☑显示结果。再选定A7单元格，将光标移动至A7单元格的右下方，当其变为╋形状时按住鼠标左键向右拖动至B7单元格。此时，由于公式从A7复制到B7，位置向右移动了一列，因此公式中的相对引用也相应地从"A1:A6"改变为"B1:B6"。

A7	▼	fx	=SUM(A1:A6)
	A	B	C
1	1	6	
2	2	5	
3	3	6	
4	4	3	
5	5	2	
6	6	0	
7	21		
8			

B7	▼	fx	=SUM(B1:B6)
	A	B	C
1	1	6	
2	2	5	
3	3	6	
4	4	3	
5	5	2	
6	6	0	
7	21	22	
8			

2. 绝对引用

绝对引用就是公式中单元格的精确地址，与包含公式的单元格的位置无关，引用时在列标和行号前分别加上美元符号$。例如，$B$2表示对单元格B2的绝对引用，而$B$2:$E$5表示对单元格区域B2:E5的绝对引用。

绝对引用与相对引用的区别：复制公式时，若公式中使用相对引用，则引用单元格会自动随着公式移动的位置相对变化；若公式中使用绝对引用，则引用单元格不会发生变化。

例如，将单元格A7的公式改为"=SUM($A$1:$A$6)"，然后将该公式复制到单元格B7中，用户可以发现，它仍然会返回A1至A6值之和。

3. 混合引用

混合引用指的是在一个单元格引用中，既有绝对引用，同时也包含有相对引用，即混合引用具有绝对列和相对行，或具有绝对行和相对列。绝对引用列采用$A1、$B1的形式，绝对引用行采用A$1、B$1的形式。如果

公式所在单元格的位置改变，则相对引用改变，而绝对引用不变。如果多行或多列地复制公式，相对引用自动调整，而绝对引用不作调整。

例如，设置单元格A7的公式为"=$A1+$A2+A3+A4+A5+A6"，然后将公式复制到单元格B7中。这时单元格A1和A2使用了混合引用，A3、A4、A5和A6使用了相对引用，当复制到单元格B7时，公式相应改变为"=$A1+$A2+B3+B4+B5+B6"。由于$A1、$A2中的列号为绝对引用，故列号不变，而行号为相对引用，故行号被改变，最后单元格$A1和$A2引用时还是为A1和A2。

B7	▼	fx	=$A1+$A2+B3+B4+B5+B6
	A	B	C	D
1	1	6		
2	2	5		
3	3	6		
4	4	3		
5	5	2		
6	6	0		
7	21	14		
8				

又如，将单元格A7的公式改为"=A$1+A$2+A3+A4+A5+A6"，然后将公式复制到单元格B7中。这时单元格A1和A2也使用了混合引用，由于A$1、A$2中的列号为相对引用，故列号改变，而行号为绝对引用，故行号不改变。当复制到单元格B7时，公式相应改变为"=B$1+B$2+B3+B4+B5+B6"。

B7	▼	fx	=B$1+B$2+B3+B4+B5+B6
	A	B	C	D
1	1	6		
2	2	5		
3	3	6		
4	4	3		
5	5	2		
6	6	0		
7	21	22		
8				

◎ 注意事项 ◎

在编辑栏中选择公式后，按一次F4键可将相对引用转换成绝对引用，继续按两次F4键转换为不同的混合引用，再按一次F4键可还原为相对引用。

8.3　使用函数

Excel 2007将具有特定功能的一组公式组合在一起以形成函数。与直接使用公式进行计算相比较，使用函数进行计算的速度更快，同时减少了错误的发生。Excel 2007提供了200多个工作表函数，本节不可能逐一讨论每个函数的功能、参数和语法，只是将一般函数的使用方法、参数设置等内容进行简要介绍，以帮助用户正确地使用函数。

8.3.1　常用函数

函数实际上也是公式，只不过它使用被称为参数的特定数值，按被称为语法的特定顺序进行计算。函数一般包含3个部分：等号、函数名和参数。

常用函数就是经常使用的函数，如求和、求平均数等。其语法和作用如下表所示。

语　法	作　用
SUM（number1，number2，…）	返回单元格区域中所有数值的和
HYPERLINK（Link_location，Friendly_name）	创建快捷方式，以便打开文档或网络驱动器，或连接INTERNET
AVERAGE（number1，number2，…）	计算参数的算术平均数；参数可以是数值或包含数值的名称、数组或引用
IF（Logical_test，Value_if_true，Value_if_false）	执行真假值判断，根据对指定条件进行逻辑评价的真假而返回不同的结果
COUNT（value1，value2，…）	计算参数表中的数字参数和包含数字的单元格的个数
MAX（number1，number2，…）	返回一组数值中的最大值，忽略逻辑值和文本字符
SIN（number）	返回给定角度的正弦值
SUMIF（Range，Criteria，Sum_range）	根据指定条件对若干单元格求和
PMT（Rate，Nper，Pv，Fv，Type）	返回在固定利率下，投资或贷款的等额分期偿还额

在常用函数中，最常用的是SUM函数，其作用是返回某一单元格区域中所有数字之和，例如"=SUM（A1:G10）"，表示对A1:G10单元格区域内所有数据求和。SUM函数的语法是：

SUM（number1,number2,…）

其中，number1, number2, …为1到30个需要求和的参数。说明如下：

直接输入到参数表中的数字、逻辑值及数字的文本表达式将被计算。

如果参数为数组或引用，只有其中的数字将被计算。数组或引用中的空白单元格、逻辑值、文本或错误值将被忽略。

如果参数为错误值或为不能转换成数字的文本，将会导致错误。

8.3.2　输入函数

如果用户对某些常用的函数及其语法比较熟悉，则可以直接在单元格中输入公式。另外，在Excel 2007中打开【公式】选项卡，在【函数库】组中可以插入Excel 2007自带的任意函数。

在【函数库】组单击【插入函数】按钮，打开【插入函数】对话框。在【或选择类别】下拉列表框中可以选择函数类别；在【选择函数】列表框中选择要插入的函数。

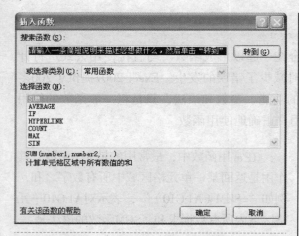

为函数参数的单元格。

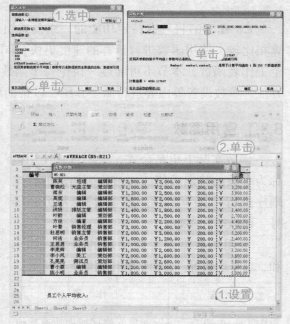

【例8-4】在"员工工资表"工作簿中，使用函数，求个人平均收入。◆视频＋◆素材

　　① 启动Excel 2007应用程序，打开"员工工资表"工作簿的Sheet1工作表。

　　② 选定B25和C25单元格，单击【合并后居中】按钮，将这两个单元格合并为一个单元格，输入文本"员工个人平均收入："，然后按Enter键。

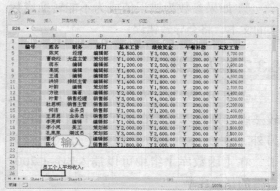

　　⑦ 单击Number1文本框后的▦按钮，展开【函数参数】对话框，单击【确定】按钮。

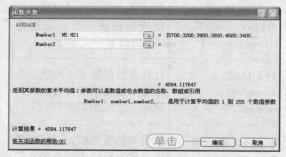

　　⑧ 此时在H25单元格中显示计算结果，在快速访问工具栏中单击【保存】按钮。

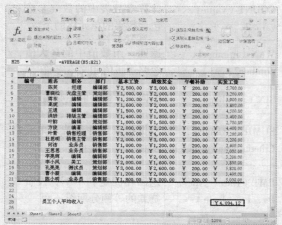

　　③ 选定H25单元格，在【公式】选项卡的【函数库】组中单击【插入函数】按钮，打开【插入函数】对话框。

　　④ 在【选择函数】列表框中选中平均函数AVERAGE，然后单击【确定】按钮。

　　⑤ 打开【函数参数】对话框，此时系统自行添加函数参数值，如果添加的函数参数错误，可以单击Number1文本框后的▦按钮，返回到工作表中。

　　⑥ 在工作表中拖动鼠标，选择H5:H21作

8.4 排序数据

数据排序是指按一定规则对存储在工作表中的数据进行整理和重新排列。数据排序可以为数据的进一步管理作好准备。Excel 2007的数据排序包括简单排序、高级排序等。

8.4.1 数据简单排序

对Excel 2007中的数据进行简单排序时，如果按照单列的内容进行排序，可以直接在【开始】选项卡的【编辑】组中完成排序操作；如果要对多列内容排序，则需要在【数据】选项卡中的【排序和筛选】组中进行操作。

【例8-5】在"员工工资表"工作簿中的Sheet 1工作表中，使用【降序】按钮将工作表按【绩效奖金】降序排列。

01 启动Excel 2007应用程序，打开"员工工资表"工作簿的Sheet1工作表。

02 选择绩效奖金所在的F5:F21单元格区域，然后打开【数据】选项卡，在【排序和筛选】组中单击【降序】按钮，即可将工作表中的数据按绩效奖金由高至低排列。

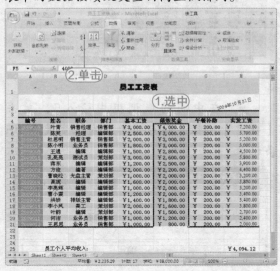

03 在快速访问工具栏中单击【保存】按钮，保存排序后的工作表。

8.4.2 数据高级排序

数据的高级排序是指按照多个条件对数据清单进行排序，这是针对简单排序后仍然有相同数据的情况进行的一种排序方式。【例8-5】的工作表在经过排序后，F6到F8，F13到F16中的绩效奖金相同，如果要再次排序，则还需再添加一个排序条件。

【例8-6】打开【例8-5】进行排序后的"员工工资表"工作簿，使Sheet 1工作表按次关键字【实发工资】升序排列。

01 启动Excel 2007应用程序，打开【例8-5】创建的"员工工资表"工作簿，并打开Sheet1工作表。

02 打开【数据】选项卡，在【排序和筛选】组中单击【排序】按钮，打开【排序】对话框。

03 在【主要关键字】下拉列表框中选择【列6】选项，在【排序依据】下拉列表框中选择【数值】选项，在【次序】下拉列表框中选择【降序】选项，然后单击【添加条件】按钮，在对话框中添加新的排序条件。

04 在【次要关键字】下拉列表框中选择【列8】选项，在【次序】下拉列表框中选择【升序】选项，然后单击【确定】按钮。

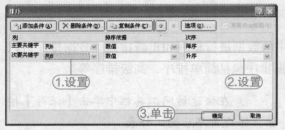

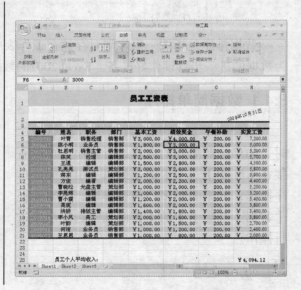

05 此时绩效奖金相同的记录,按实发工资升序排列。在快速访问工具栏中单击【保存】按钮,保存排序后的工作表。

◉ 专家指点 ◉

如果要对选择区域中包含的工作表标题进行排序,可以在【排序】对话框中选中【数据包含标题】复选框。

8.5 筛选数据

数据筛选功能是一种用于查找特定数据的快速方法。经过筛选后的数据只显示符合指定条件的数据行,以供用户浏览、分析。Excel 2007的数据筛选功能包括自动筛选、自定义筛选和高级筛选等3种方式。

8.5.1 自动筛选

自动筛选为用户提供了在具有大量记录的数据清单中快速查找符合某种条件记录的功能。使用自动筛选功能筛选记录时,字段名称单元格右侧显示下拉箭头,使用其中的下拉菜单可以设置自动筛选的条件。

【例8-7】在"员工工资表"工作簿的Sheet1工作表中,使用自动筛选功能筛选出【实发工资】最高的5条记录。◆视频+◆素材

01 启动Excel 2007应用程序,打开"员工工资表"工作簿的Sheet1工作表。

02 打开【数据】选项卡,在【排序和筛选】组中单击【筛选】按钮,即可进入自动筛选模式。

03 单击【列8】单元格旁边的下拉箭头,在弹出的菜单中选择【数字筛选】|【10个最大的值】命令,打开【自动筛选前

10个】对话框。

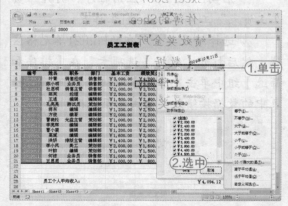

04 在中间的微调框中输入5,单击【确定】按钮,即可显示实发工资最高的5条记录。

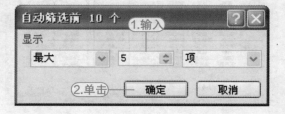

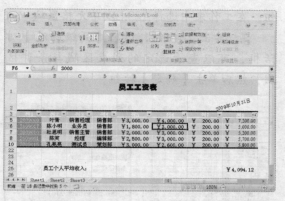

注意事项

如果要清除筛选设置，单击筛选条件单元格旁的下拉箭头，在弹出的菜单中选择相应的清除筛选命令，即可显示数据清单中的所有内容。

8.5.2 自定义筛选

使用Excel 2007中自带的筛选条件，可以快速完成对数据的筛选操作。但是当自带的筛选条件无法满足需要时，也可以根据需要自定义筛选条件。

【例8-8】在"员工工资表"工作簿的Sheet 1工作表中，自定义筛选出绩效奖金在2500~4000之间的记录。 视频+素材

① 启动Excel 2007应用程序，打开"员工工资表"工作簿的Sheet1工作表。

② 打开【数据】选项卡，在【排序和筛选】组中单击【筛选】按钮，即可进入自动筛选模式。

③ 单击【列6】单元格右侧的下拉箭头，在弹出的菜单中选择【数字筛选】|【介于】命令，或者选择【数字筛选】|【自定义筛选】命令，打开【自定义自动筛选方式】对话框。

④ 在【大于或等于】列表框中输入2500，在【小于或等于】列表框中输入4000，然后单击【确定】按钮。

⑤ 此时Excel将筛选出绩效奖金在2500~4000之间的记录。

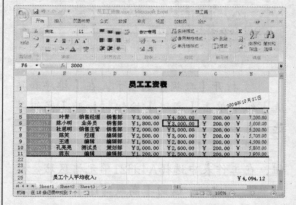

8.5.3 高级筛选

如果工作表中的字段比较多，筛选的条件也比较多，自定义筛选就显得十分麻烦。在筛选条件较多的情况下，可以使用高级筛选功能来处理。

使用高级筛选功能，必须先建立一个条件区域，用来指定筛选的数据所需满足的条件。条件区域的第一行是所有作为筛选条件的字段名，这些字段名与工作表中的字段名必须完全一样。条件区域的其他行则是筛选条件。需要注意的是，条件区域和工作表不能连接，必须用一个空行将其隔开。

【例8-9】在"员工工资表"工作簿的Sheet1工作表中，筛选出实发工资大于4000并且基本工资大于2000的记录。 视频+素材

① 启动Excel 2007应用程序，打开"员工工资表"工作簿的Sheet1工作表。

02 在A23:B24单元格区域中，输入筛选条件。

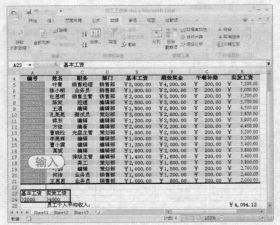

03 打开【数据】选项卡，在【排序和筛选】组中单击【高级】按钮，打开【高级筛选】对话框。

04 单击【列表区域】文本框后的■按钮，在工作表中选择A4:H21单元格区域。然后单击■按钮，返回【高级筛选】对话框。

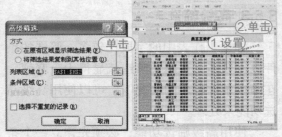

05 单击【条件区域】文本框后的■按

钮，在工作表中选择A23:B24单元格区域。

06 单击■按钮，返回【高级筛选】对话框，可以查看选定的列表区域与条件区域，然后单击【确定】按钮。

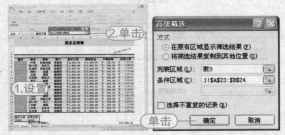

07 此时将筛选出实发工资大于4000并且基本工资大于2000的记录。

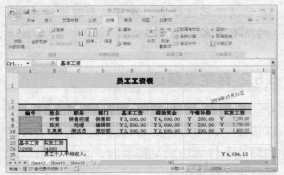

● 专家指点 ●

在步骤06所示的【高级筛选】对话框中，若选中【将筛选结果复制到其他位置】单选按钮，则可以在下面的【复制到】文本框中输入要将筛选结果插入工作表中的位置。

8.6 分类汇总

分类汇总是对数据清单进行数据分析的一种方法。分类汇总对数据库中指定的字段进行分类，然后统计同一类记录的有关信息。统计的内容可以由用户指定，也可以统计同一类记录的记录条数，还可以对某些数值段求和、求平均值、求极值等。

Excel 2007可以在工作表中自动计算分类汇总及总计值。用户只需指定需要进行分类汇总的数据项、待汇总的数值和用于计算的函数（例如"求和"函数）即可。如果要使用自动分类汇总功能，工作表必须组织成具有列标志的数据清单。在创建分类汇总之前，用户必须先根据需要进行分类汇总的数据列对数据清单排序。

【例8-10】创建"员工工资分类汇总"工作簿，在其中按部门类别进行分类，并汇总实发工资总和。

●视频+●素材

01 启动Excel 2007应用程序，创建"员

工工资分类汇总"工作簿，在Sheet1工作表中输入数据，并设置格式。

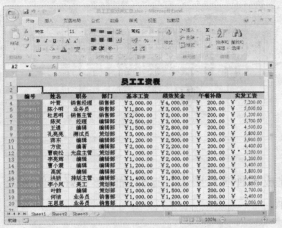

02 选择部门所在的D3:D20单元格区域，然后打开【数据】选项卡，在【排序和筛选】组中单击【升序】按钮↓，打开【排序提醒】对话框，保持默认设置后，单击【排序】按钮，对部门进行分类排序。

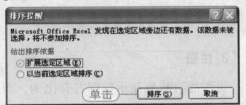

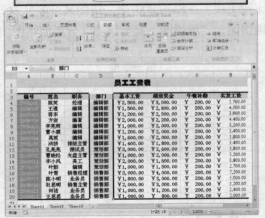

在分类汇总前，最好对数据进行排序操作，使得分类字段的同类数据排列在一起，否则在执行分类汇总操作后，Excel 2007只会对连续相同的数据进行汇总。

03 选定任意一个单元格，打开【数据】选项卡，在【分级显示】组中单击【分类汇总】按钮，打开【分类汇总】对话框。

04 在【分类字段】下拉列表框中选择部门所在的【（列D）】选项；在【汇总方式】下拉列表框中选择【求和】选项；在【选定汇总项】列表框中选中【（列H）】复选框，然后单击【确定】按钮。

05 此时即可查看分类汇总的情况。在快速访问工具栏中单击【保存】按钮，保存汇总后的工作簿。

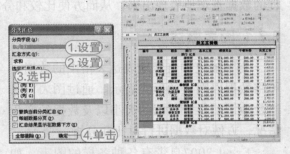

若要删除分类汇总，在【分类汇总】对话框中单击【全部删除】按钮即可。

为了方便查看数据，可将分类汇总后暂时不需要使用的数据隐藏起来，减小界面的占用空间。选定需要隐藏数据区域中的任意单元格，打开【数据】选项卡，在【分级显示】组中单击【隐藏明细数据】按钮，即可隐藏数据记录。

当需要查看隐藏的数据时，还可再将其显示。选定需要显示数据的单元格，打开【数

据】选项卡，在【分级显示】组中单击【显示明细数据】按钮 ，即可显示详细数据。

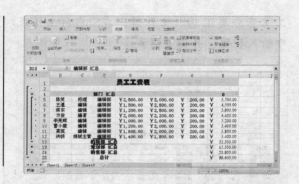

> 专家指点
>
> 单击分类汇总工作表左边列表树中的 、 符号按钮，同样可以实现显示与隐藏详细数据的操作。

8.7 使用图表分析数据

使用Excel 2007图表功能可以将各种数据建成各种统计图表，这样就能够更好地使所处理的数据直观地表现出来，从而方便比较和分析。

8.7.1 图表概述

为了能更加直观地表达表格中的数据，可将数据以图表的形式表示。通过图表可以清楚地了解各个数据的大小以及数据的变化情况，方便对数据进行对比和分析。

Excel 2007自带有各种各样的图表，如柱形图、折线图、饼图、条形图、面积图、散点图等，各种图表各有优点，适用于不同的场合。

1. 柱形图

柱形图可直观地对数据进行对比分析以得出结果。在Excel 2007中，柱形图又可细分为簇状柱形图、堆积柱形图、圆柱图、圆锥图以及棱锥图。

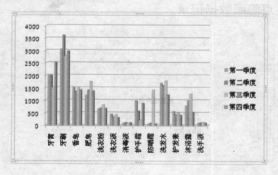

2. 折线图

折线图可直观地显示数据的走势情况。

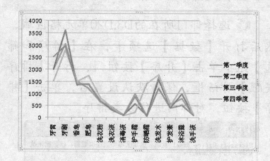

3. 饼图

饼图能直观地显示数据占有比例，而且比较美观。在Excel 2007中，饼图又可细分为三维饼图、二维饼图、复合饼图、分离型饼图。

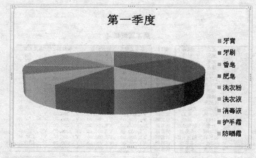

4. 条形图

条形图就是横着的柱形图，其作用也与柱形图相同，可直观地对数据进行对比分析。在Excel 2007中，条形图又可细分为簇状条形图、堆积条形图、圆柱图、圆锥图以及棱锥图。

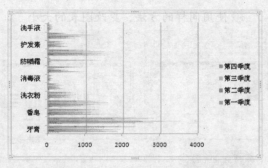

5. 面积图

面积图能直观地显示数据的大小与走势范围。

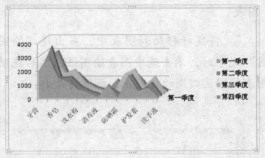

6. 散点图

散点图可以直观地显示图表数据点的精确值，帮助用户对图表数据进行统计计算。

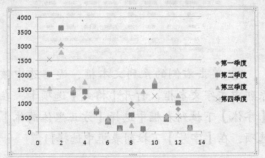

○ 专家指点 ○

除了上面介绍的图表外，Excel 2007的图表类型还包括股价图、曲面图、圆环图、气泡图以及雷达图等。

Excel 2007包含两种样式的图表，一种是嵌入式图表，另一种是图表工作表。嵌入式图表就是将图表看作是一个图形对象，并作为工作表的一部分进行保存。图表工作表是工作簿

中具有特定工作表名称的独立工作表。

在需要独立于工作表数据查看或编辑大而复杂的图表或节省工作表上的屏幕空间时，就可以使用图表工作表。无论是建立哪一种图表，创建图表的依据都是工作表中的数据。当工作表中的数据发生变化时，图表便会更新。

8.7.2 创建图表

使用Excel 2007可以方便、快速地建立一个标准类型或自定义类型的图表。选中要用于图表的单元格，打开【插入】选项卡，在【插图】组中选择需要的图表样式，即可在工作表中插入图表。

【例8-11】在"员工工资分类汇总"工作簿中，创建用于显示编辑部员工工资情况的折线型图表。

◎视频 ＋ ◎素材

01 启动Excel 2007应用程序，打开"员工工资分类汇总"工作簿的Sheet1工作表。

02 在分类汇总工作表左边列表树中单击右侧 ━ 符号按钮，隐藏策划部和销售部员工工资记录，然后选定A3:H12单元格区域。

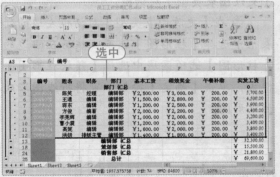

03 打开【插入】选项卡，在【图表】组中单击【折线图】按钮，在弹出的菜单中选择【带数据标记的折线图】命令。

04 此时在工作表中插入折线图，调整其到合适的位置。

05 在快速访问工具栏中单击【保存】按钮，保存添加的图表。

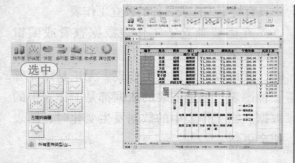

8.7.3 编辑图表

如果已经创建好的图表不符合用户要求，可以对其进行编辑，如更改图表类型、更改图表大小、改变图表的字体和设置图表中数字的格式等。

【例8-12】在【例8-11】创建的"员工工资分类汇总"工作簿中，更改图表类型和图表大小，并设置图表中字体的格式。◆视频+鎯素材

①启动Excel 2007应用程序，打开【例8-11】创建的"员工工资分类汇总"工作簿。

②在Sheet1工作表中选中折线图，打开【图表工具】的【设计】选项卡，在【类型】组中单击【更改图表类型】按钮，打开【更改图表类型】对话框。

③在【更改图表类型】对话框左边的列表框中选择【柱形图】选项，然后在右边的【柱形图】选项区域中选择【簇状柱形图】样式，单击【确定】按钮，可将折线图修改为柱形图。

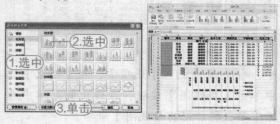

④将鼠标光标放置在图表外边框上，待鼠标变成双向箭头时，按住鼠标左键不放，向右上角拖动鼠标，待到合适的位置后，释放鼠标，完成图表区的放大操作。

⑤使用同样的方法，更改图表的大小。

◖专家指点◗

将鼠标光标放置在图表4个角上进行拖动时，可以等比缩放图表；放置在4条边上进行拖动时，可以水平缩放或垂直缩放图表。

⑥将鼠标移动到图表中，当出现"绘图区"文字时，单击选中图表绘图区，然后拖动图表绘图区四周的控制点，调节其大小。

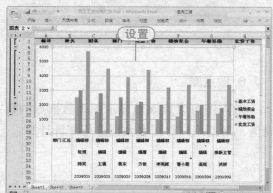

⑦单击右侧的系列文本框，逐一选中该系列中文字文本框，打开【格式】选项卡，在【字体】下拉列表框中选择【方正黑体简体】选项，在【字号】下拉列表框中选择11。

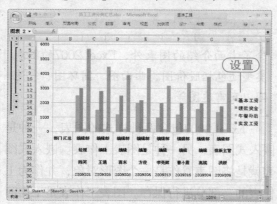

08 在快速访问工具栏中单击【保存】按钮，保存编辑后的图表。

8.7.4 美化图表

创建图表后，功能区将显示图表工具的【设计】、【布局】和【格式】选项卡。用户可以使用这些选项卡的命令设置图表，将Excel 2007的内置图表布局和内置的图表样式快速应用到图表中，使图表更为美观。

【例8-13】在【例8-12】创建的"员工工资分类汇总"工作簿中，美化图表。 ◆视频＋◆素材

01 启动Excel 2007应用程序，打开【例8-12】创建的"员工工资分类汇总"工作簿。

02 在Sheet 1工作表中选定图表区，打开图表工具的【设计】选项卡，在【图表样式】组中单击【其他】按钮，从弹出的列表框中选择【样式26】选项，应用内置图表样式。

 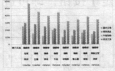

03 在【图表布局】组中单击【其他】按钮，从弹出的列表框中选择【布局2】选项，应用内置图表布局样式。

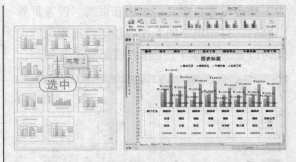

04 在图表区中选中【图表标题】文本框，在其中输入标题文字"编辑部员工收入情况分析"。在快速访问工具栏中单击【保存】按钮，保存美化后的图表。

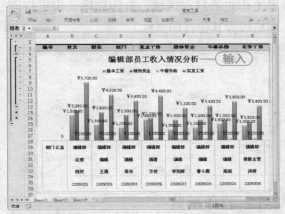

◯ 专家指点 ◯

选定图表区或绘图区，在图表工具的【格式】选项卡的【形状样式】组中可为其设置背景样式。

8.8 打印工作表

制作完成的工作表通常需要打印到纸张中。在打印工作表之前需要先进行工作表的页面设置，并通过预览视图预览打印效果，当设置满足要求时再进行打印。

8.8.1 页面设置

页面设置是指打印页面布局和格式的合理安排，如确定打印方向、页面边距和页眉页脚等。在【页面布局】选项卡的【页面设置】组中单击对话框启动器，打开【页面设置】对话框即可对打印页面进行设置。

◈ 【页面】选项卡：该选项卡可以设置打印表格的打印方向、打印比例、纸张大小、打印质量和起始页码等。

◈ 【页边距】选项卡：当对打印后的表格在页面中的位置不满意时，可以使用该选项卡进行设置。

◈ 【页眉/页脚】选项卡：该选项卡可以

为工作表设置自定义的页眉和页脚。设置页眉页脚后，打印出来的工作表顶部将出现页眉，同时设置的页脚将于工作表底部显示出来。

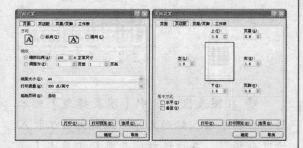

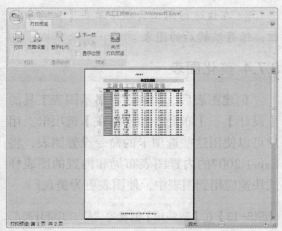

■ 【工作表】选项卡：该选项卡用来设置工作表的打印区域、打印顺序、指定打印网格线等其他打印属性。

8.8.2 打印预览

页面设置完毕后，可以在预览视图下查看打印预览效果。

打印预览的方法很简单：单击Office按钮，在弹出的菜单中选择【打印】|【打印预览】命令，即可进入打印预览视图，同时功能区打开【打印预览】选项卡。

 专家指点

在【打印预览】选项卡中单击【关闭打印预览】按钮，将退出打印预览视图，返回到原来的视图中。

8.8.3 打印设置并打印

对预览效果满意后，可以在【打印预览】选项卡的【打印】组中单击【打印】按钮；或单击Office按钮，在弹出的菜单中选择【打印】|【打印】命令，打开【打印内容】对话框，在其中按需要设置后，单击【确定】按钮，即可进行工作表的打印。

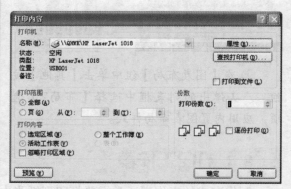

专家指点

在【打印内容】对话框的【打印机】选项区域中单击【属性】按钮，可以在打开的对话框中对打印机属性进行设置，如纸张类型、送纸方向等。不同的打印机可供设置的打印属性也不同。

Chapter

09

PowerPoint 2007是最为常用的多媒体演示软件。无论是向观众介绍计划工作、新产品还是培训员工，只要事先用PowerPoint做一份演示文稿，就会使阐述过程变得简明而清晰。用户只有在充分了解基础知识后，才可以更好地使用PowerPoint 2007的中高级操作。

PowerPoint 2007基本操作

- PowerPoint视图模式
- 新建演示文稿
- 保存演示文稿
- 编辑幻灯片
- 添加和编辑常用对象

 参见随书光盘

Office 2007电脑办公速成

9.1 PowerPoint视图模式

PowerPoint 2007提供了普通视图、幻灯片浏览视图、备注页视图和幻灯片放映4种视图模式，每种视图都包含有该视图下特定的工作区、功能区和其他工具。

用户可以在功能区中打开【视图】选项卡，然后在【演示文稿视图】组中选择相应的视图切换按钮，或者在状态栏上单击相应的视图切换按钮，即可改变视图模式。

1. 普通视图

普通视图又可以分为两种形式，主要区别在于PowerPoint工作界面最左边的预览窗口，它有【幻灯片】和【大纲】两种显示形式，用户可以通过单击该预览窗口上方的切换按钮进行切换。

普通视图中主要包含幻灯片预览窗口（或大纲窗口）、幻灯片编辑窗口和备注窗口这3个窗口，用户拖动各个窗口的边框即可调整窗口的显示大小。

幻灯片预览窗口：该窗口位于界面最左侧，从上到下依次显示每一张幻灯片的缩略图，方便用户查看幻灯片的整体外观。在该窗口单击幻灯片缩略图时，该张幻灯片将显示在幻灯片编辑窗口中，即可向当前幻灯片中添加或修改文字、图形、图像和声音等信息。用户还可以在预览窗口中上下拖动幻灯片，以改变其在整个演示文稿中的位置。

大纲窗口：该窗口同样位于界面最左侧，用来显示PowerPoint演示文稿的文本部分，它为组织材料、编写大纲提供了一个良好的工作环境。该窗口显示了演示文稿中所有的标题和正文，方便用户重新安排要点或者编辑标题和正文等。

2. 幻灯片浏览窗口

使用幻灯片浏览视图，可以在屏幕上同时看到演示文稿中的所有幻灯片，这些幻灯片以缩略图的方式显示在同一窗口中。

在幻灯片浏览视图中，可以看到改变幻灯片的背景设计、配色方案或更换模板后演示文稿发生的整体变化，也可以检查各个幻灯片是否前后协调、图标的位置是否合适等问题。同时在该视图中可以添加、删除和移动幻灯片，以及设置幻灯片之间的动画切换。

当幻灯片包含动画效果时，其左下角会显示动标志，单击该标志即可预览动画效果。幻灯片右下角显示的是当前幻灯片的编号，也是当前演示文稿中幻灯片的播放顺序。

> **专家指点**
>
> 要对当前幻灯片的内容进行编辑，可以右击该幻灯片，从弹出的快捷菜单中选择相应命令，或者双击幻灯片切换到普通视图。

3. 备注页视图

在备注页视图模式下，用户可以方便地添加和更改备注信息。同时，在该视图中也可以添加图形等信息。

4. 幻灯片放映视图

在幻灯片放映模式下，用户可以看到幻灯片的最终效果。幻灯片放映视图并不是显示单个的静止的画面，而是以动态的形式显示演示文稿中各个幻灯片。幻灯片放映视图是演示文稿的最终效果，所以当在演示文稿中创建完某一张幻灯片时，就可以利用该视图模式来检查，从而对不满意的地方及时进行修改。

> **专家指点**
>
> 在PowerPoint中，按下F5键可以直接进入幻灯片的放映模式，并从头开始放映；按下Shift+F5键则可以从当前幻灯片开始向后放映；按下Esc键退出放映。

9.2 新建演示文稿

在PowerPoint中，存在演示文稿和幻灯片两个概念，使用PowerPoint制作出来的整个文件叫演示文稿，而演示文稿中的每一页叫做幻灯片，每张幻灯片都是演示文稿中既相互独立又相互联系的内容。在PowerPoint 2007中，可以使用多种方法来新建演示文稿，如使用模板和根据现有文档等方法。

9.2.1 创建空演示文稿

空演示文稿是一种形式最简单的演示文稿，没有应用模板设计、配色方案以及动画方案，用户可以自由设计。创建空演示文稿的方法主要有以下两种。

1. 启动PowerPoint自动创建

无论是使用【开始】按钮启动PowerPoint 2007，还是通过创建新文档启动，都将自动打开空演示文稿。

2. 使用Office按钮创建

单击工作界面左上角的Office按钮，在弹出的菜单中选择【新建】命令，打开【新建演示文稿】对话框。单击对话框的【模板】列表框中的【空白文档和最近使用的文档】选项，然后选择【空白演示文稿】选项，单击【创建】按钮，即可新建一个空演示文稿。

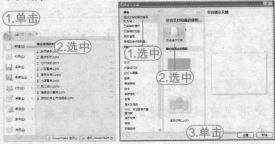

9.2.2 根据模板创建演示文稿

模板是一种以特殊格式保存的演示文

稿，一旦应用了一种模板后，幻灯片的背景图形、配色方案等就都已经确定，所以套用模板可以提高创建演示文稿的效率。

1. 根据现有模板创建演示文稿

PowerPoint 2007提供了许多美观的设计模板，这些设计模板将演示文稿的样式、风格，包括幻灯片的背景、装饰图案、文字布局及颜色、大小等均预先定义好。用户在设计演示文稿时可以先选择演示文稿的整体风格，然后再进行进一步的编辑和修改。

【例9-1】根据现有模板创建演示文稿。□素材

⓵ 启动PowerPoint 2007应用程序，打开工作界面。

⓶ 单击Office按钮，在弹出的菜单中选择【新建】命令，打开【新建演示文稿】对话框。

⓷ 在对话框左侧的【模板】列表框中选择【已安装的模板】选项，在右侧的【已安装的模板】列表框中选择【小测验短篇】模板，单击【创建】按钮。

⓸ 此时【小测验短篇】模板应用在演示文稿中。

◖ **注意事项** ◗

使用现有模板创建的演示文稿一般都拥有漂亮的界面和统一的风格。以这种方式创建的演示文稿一般都会有背景或装饰图案，帮助用户在设计时随时调整内容的位置等，以获得较好的画面效果。

2. 根据自定义模板创建演示文稿

用户可以将自定义演示文稿保存为PowerPoint模板类型，使其成为一个自定义模板保存在【我的模板】中。当以后需要使用该模板时，在【我的模板】列表框中调用即可。自定义模板可以由以下两种方法获得：

◈ 在演示文稿中自行设计主题、版式、字体样式、背景图案、配色方案等基本要素，然后保存为模板。

◈ 由其他途径（如下载、共享、光盘等）获得模板。

【例9-2】将从其他途径获得的模板保存到【我的模板】列表框中，并调用该模板。◇视频+□素材

⓵ 双击打开【下载的模板】模板，单击Office按钮，从弹出的菜单中选择【另存为】命令，打开【另存为】对话框。

⓶ 在【保存类型】下拉列表框中选择【PowerPoint模板】选项，单击【确定】按钮，将下载的模板保存到PowerPoint默认路径下。

⓷ 关闭保存后的模板。启动PowerPoint 2007应用程序，打开一个空演示文稿。

04 单击Office按钮，从弹出的菜单中选择【新建】命令，打开【新建演示文稿】对话框，在【模板】列表框中选择【我的模板】选项，打开【新建演示文稿】对话框。

05 在【我的模板】列表框中显示了创建的自定义模板，选择【下载的模板】选项，然后单击【创建】按钮。

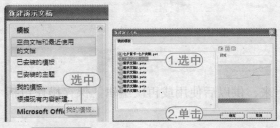

○◎ 注意事项 ◎○

"我的模板"的默认路径为C:\Documents and Settings\Administrator\Application Data\Microsoft\Templates。

06 此时该模板应用到当前演示文稿中。

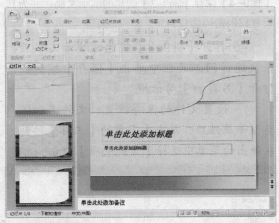

○◎ 专家指点 ◎○

PowerPoint 2007的Office Online功能也提供大量免费的模板文件，用户可以直接在【新建演示文稿】对话框中使用Office Online功能。在【新建演示文稿】对话框的【特色】列表中选择需要的模板，单击【下载】按钮即可下载模板，下载完成后Office Online中的模板自动应用到演示文稿中。

9.2.3 根据现有内容创建演示文稿

如果想使用现有演示文稿中的一些内容或风格来设计其他的演示文稿，就可以使用PowerPoint 2007的【根据现有内容新建】功能。

要根据现有内容新建演示文稿，只需在【新建演示文稿】对话框中选择【根据现有内容新建】选项，然后在打开的【根据现有演示文稿新建】对话框中选择需要应用的演示文稿文件，单击【新建】按钮即可。

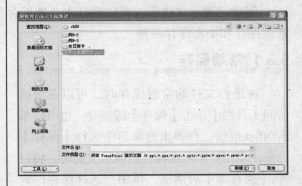

将以前演示文稿中的幻灯片直接插入到当前演示文稿中也属于根据现有内容创建演示文稿。

【例9-3】在当前演示文稿中插入以前演示文稿中的幻灯片。 ◎视频+◎素材

01 启动PowerPoint 2007应用程序，新建演示文稿，在演示文稿中应用程序自带的【小测验短篇】模板。

02 将光标定位在第2和第3张幻灯片之间，打开【开始】选项卡，在【幻灯片】组中单击【新建幻灯片】按钮右下方的下拉箭头，在弹出的菜单中选择【重用幻灯片】命令，打开【重用幻灯片】窗格。

03 在【重用幻灯片】窗格中单击【浏览】按钮，在弹出的菜单中选择【浏览文件】命令，打开【浏览】对话框，选择需要使用的现有演示文稿，单击【打开】按钮。

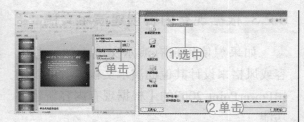

04 此时窗格中显示现有演示文稿中所有可用的幻灯片，在幻灯片列表中单击需要的幻灯片，将其插入到指定位置。

9.3 保存演示文稿

创建完演示文稿后，可以将其永久地保存下来，供以后使用或再次编辑。保存操作包括常规保存和加密保存两种。

9.3.1 常规保存

在进行文件的常规保存时，可以在快速访问工具栏中单击【保存】按钮，也可以单击Office按钮，在弹出的菜单中选择【保存】命令。当用户第一次保存该演示文稿时，将打开【另存为】对话框，供用户选择保存位置和命名演示文稿。

> **注意事项**
>
> PowerPoint 2007具有在突发状况下的文件自动恢复功能，但该功能不能代替定期保存文件。如果选择在打开文件之后不保存恢复文件，则该文件会被删除，并且未保存的更改会丢失。另外，将文件的【保存类型】设置为【PowerPoint 97-2003演示文稿】，可在以前的版本中打开PowerPoint 2007文稿。

9.3.2 加密保存

加密保存可以防止其他用户在未授权的情况下打开或修改演示文稿，以此加强文档的安全性。

【例9-4】保存【例9-3】创建的演示文稿，并为其设置权限密码为123456。

01 打开【例9-3】创建的演示文稿后，在快速访问工具栏中单击【保存】按钮，打开【另存为】对话框。

02 设置文件的保存位置、文件名和保存类型等属性后，单击左下角的【工具】按钮，在弹出的菜单中选择【常规选项】命令。

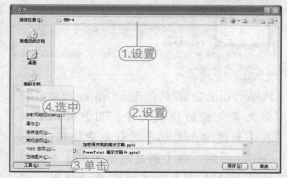

03 打开【常规选项】对话框，在对话框的【打开权限密码】文本框和【修改权限密码】文本框中输入密码，然后单击【确定】按钮。

04 此时PowerPoint将打开【确认密码】对话框，要求用户重新输入打开权限密码123456，然后单击【确定】按钮。

● 专家指点 ○

在【打开权限密码】和【修改权限密码】文本框中可以输入相同的密码，也可以设置不同的密码，它们将分别作用于打开权限和修改权限。

05 此时PowerPoint要求用户重新输入修改权限密码，输入密码后，单击【确定】按钮。

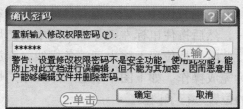

06 返回到【另存为】对话框，单击【保存】按钮，将该演示文稿加密保存。

07 在保存路径中双击保存的演示文稿，此时PowerPoint将打开【密码】对话框，用户输入正确的密码时，才能打开该演示文稿。

08 输入密码后，单击【确定】按钮，此时将打开【输入密码以修改或以只读方式打开】对话框，输入密码后单击【确定】按钮，即可打开演示文稿并进行修改。

● 专家指点 ○

如果在【输入密码以修改或以只读方式打开】对话框中，单击【只读】按钮，那么用户可以浏览该演示文稿，但不能对该演示文稿进行修改。

9.4 编辑幻灯片

在PowerPoint中，幻灯片作为一种对象，和一般对象一样，用户可以对其进行编辑操作，例如添加新幻灯片、选择幻灯片、复制幻灯片、调整幻灯片顺序和删除幻灯片等。在对幻灯片的编辑过程中，最为方便的视图模式是幻灯片浏览视图，小范围或少量的幻灯片操作也可以在普通视图模式下进行。

9.4.1 选定幻灯片

在PowerPoint中可以一次选中一张幻灯片，也可以同时选中多张幻灯片，然后对选中的幻灯片进行操作。

● 选定单张幻灯片：无论是在普通视图的【大纲】或【幻灯片】选项卡中，还是在幻灯片浏览视图中，只需单击需要的幻灯片，即可选中该张幻灯片。

● 选定编号相连的多张幻灯片：单击起始编号的幻灯片，然后按住Shift键，再单击结束编号的幻灯片，此时两编号间的所有幻灯片被同时选中。

● 选定编号不相连的多张幻灯片：在按住Ctrl键的同时，依次单击需要选择的每张幻灯片，此时被单击的多张幻灯片同时选中。在按住Ctrl键的同时再次单击已被选中的幻灯片，则该幻灯片被取消选定。

9.4.2 添加新幻灯片

启动PowerPoint 2007后，程序会自动建立一张空白幻灯片，而大多数演示文稿需要两张或更多的幻灯片来表达主题，这时就需要添加幻灯片。

要添加新幻灯片，在【开始】选项卡的【幻灯片】组中单击【新建幻灯片】按钮，即可添加一张默认版式的幻灯片。当需要应用其他版式时，单击【新建幻灯片】按钮右下方的倒三角按钮，在弹出的快捷菜单中选择需要的版式即可将其应用到当前幻灯片中。

◯ 注意事项 ◯

版式是指预先定义好的幻灯片内容在幻灯片中的排列方式，如文字的排列及方向、文字与图表的位置等。

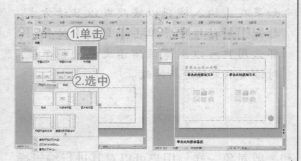

◯ 专家指点 ◯

在幻灯片预览窗格中，选择一张幻灯片，按下Enter键，即可在该幻灯片的下方添加新幻灯片。

9.4.3 复制幻灯片

PowerPoint支持以幻灯片为对象的复制操作，可以将整张幻灯片及其内容进行复制。

选中需要复制的幻灯片，在【开始】选项卡的【剪贴板】组中单击【复制】按钮。

在需要插入幻灯片的位置处单击，然后在【开始】选项卡的【剪贴板】组中单击【粘贴】按钮。

◯ 专家指点 ◯

在PowerPoint中也可以同时选择多张幻灯片进行移动或复制操作。另外，Ctrl+C、Ctrl+V快捷键同样适用于幻灯片的复制/粘贴操作。

9.4.4 调整幻灯片位置

在制作演示文稿时，如果需要重新排列幻灯片的顺序，就需要移动幻灯片。移动幻灯片可以用到【剪切】按钮和【粘贴】按钮，其操作步骤与使用【复制】和【粘贴】按钮相似。

在普通视图中，选中需要移动顺序的幻灯片，然后按住鼠标左键并拖动选中的幻灯片，此时目标位置上将出现一条横线。释放鼠标完成操作。如下图中第2张和第3张幻灯片的位置进行了调换。

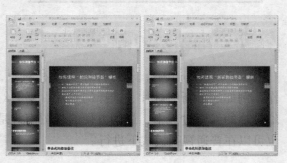

◯ 专家指点 ◯

在普通视图或幻灯片浏览视图中，直接对幻灯片进行选择拖动，即可实现移动操作。移动幻灯片后，便不能从幻灯片的编号辨别哪张幻灯片被移动，只能通过幻灯片中的内容来进行区别。

9.4.5 删除幻灯片

删除多余的幻灯片，是快速地清除演示文稿中大量冗余信息的有效方法。其方法主要有以下几种：

🔹 选中需要删除的幻灯片，直接按下Delete键。

🔹 右击需要删除的幻灯片，从弹出的快捷菜单中选择【删除幻灯片】命令。

🔹 选中需要删除的幻灯片，在【开始】选项卡的【幻灯片】组中单击【删除幻灯片】按钮💾。

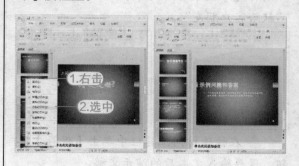

9.5 添加和编辑常用对象

创建演示文稿后，就可以在幻灯片中添加文字与对象。文字是演示文稿的重要组成部分，是最常用的解释说明的方法。用户也可以在幻灯片中插入其他对象，如图形、图片、艺术字、图表等，使其页面效果更加丰富。

9.5.1 添加和编辑文本

在PowerPoint中，不能直接在幻灯片中输入文字，只能通过占位符或文本框来添加。用户还可以对其中的文字进行操作，也可以对占位符的填充颜色、线型等进行操作。

1. 使用占位符添加文字

占位符是包含文字和图形等对象的容器，其本身是构成幻灯片内容的基本对象，具有自己的属性。大多数幻灯片的版式中都提供了占位符，这种占位符中预设了文字的属性和样式，供用户添加标题文字、项目文字等。

【例9-5】创建"生日贺卡"演示文稿，在幻灯片占位符中输入标题和副标题。📹视频+📁素材

⓵ 启动PowerPoint 2007应用程序，单击Office按钮，在弹出的菜单中选择【新建】命令，打开【新建演示文稿】对话框。

⓶ 在【模板】列表框中选择【我的模板】命令，打开【新建演示文稿】对话框。

⓷ 在【我的模板】列表框中选择【演示文稿8】选项，然后单击【确定】按钮。

⓸ 将该模板应用到当前演示文稿中，单击Office按钮，从弹出的菜单中选择【保存】命令，打开【另存为】对话框。

⓹ 选择保存路径，并输入文件名"生日贺卡"，然后单击【保存】按钮，将演示文稿以"生日贺卡"名保存。

⓺ 在第1张幻灯片中，单击【单击此处添加标题】文本占位符内部，此时占位符中将出现闪烁的光标，输入文本"生日快乐"。

⑦ 使用相同的方法，在【单击此处添加副标题】文本占位符中，输入副标题文本"献给客户朋友"。

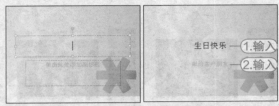

⑧ 在快速访问工具栏中单击【保存】按钮，保存输入文本后的演示文稿。

2. 使用文本框添加文字

文本框是一种可移动、可调整大小的文字或图形容器，特性与占位符非常相似。使用文本框，可以在幻灯片中放置多个文字块，可以使文字按不同的方向排列，可以打破幻灯片版式的制约，实现在幻灯片中的任意位置添加文字信息的目的。

PowerPoint 2007提供了两种形式的文本框：横排文本框和垂直文本框，它们分别用来放置水平方向的文字和垂直方向的文字。

【例9-6】在"生日贺卡"演示文稿中，使用文本框添加文字。视频+素材

① 启动PowerPoint 2007应用程序，打开"生日贺卡"演示文稿。

② 在幻灯片预览窗口中选择第2张幻灯片缩略图，将其显示在幻灯片编辑窗口中。

③ 在幻灯片的空白处单击鼠标，按下Ctrl+A组合键同时选中两个占位符，单击Delete键将其删除。

④ 打开【插入】选项卡，在【文本】组中单击【文本框】按钮下方的下拉箭头，从弹出的快捷菜单中选择【横排文本框】命令。

⑤ 移动鼠标指针到幻灯片的编辑窗口，当指针形状变为"↓"形状时，在幻灯片页面中按住鼠标左键并拖动，当矩形框拖动到合适大小后，释放鼠标完成横排文本框的绘制。

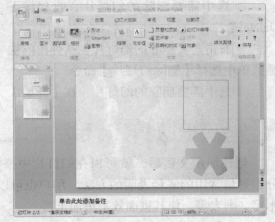

⑥ 此时光标自动位于文本框内，在其中输入文字"赶快打开送你的礼物吧！"。

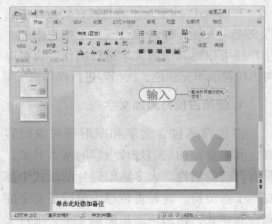

⑦ 在幻灯片中任意空白处单击，退出文本框文字编辑状态。在快速访问工具栏中单击【保存】按钮，保存演示文稿。

3. 设置文本格式

在幻灯片中添加文字后，可以设置文本格式，如设置字体样式、字体大小，设置段落行距，添加项目符号与编号等。

【例9-7】在"生日贺卡"演示文稿中，设置文字格式。视频+素材

01 启动PowerPoint 2007应用程序，打开"生日贺卡"演示文稿。

02 在打开的第1张幻灯片中选中第1个占位符，在【开始】选项卡的【字体】组中单击【字体】下拉按钮，在弹出的菜单中选择【华文琥珀】选项，在【字号】下拉列表中选择60，在【字体颜色】下拉菜单中选择【深紫】选项，为正标题文字应用格式。

03 选中第2个占位符，在【开始】选项卡的【字体】组中单击【字体】下拉按钮，在弹出的菜单中选择【华文隶书】选项，在【字号】下拉列表中选择44，在【字体颜色】下拉菜单中选择【蓝色】选项；在【段落】组中单击【文本左对齐】按钮，应用文本格式。

04 在幻灯片预览窗口中选择第2张幻灯片缩略图，将其显示在幻灯片编辑窗口中。

05 选中文本框，打开绘图工具的【格式】选项卡，在【形状样式】组中单击【其他】按钮，从弹出的列表框中选择【浅色1轮廓，彩色填充-强调颜色4】选项，为文本框应用样式。

06 选中文本框，在【开始】选项卡的【字体】组中单击【字体】下拉按钮，在弹出的菜单中选择【华文新魏】选项，在【字号】下拉列表中选择36，为文本框中的文本应用字体格式。

07 在快速访问工具栏中单击【保存】按

钮，保存编辑后的演示文稿。

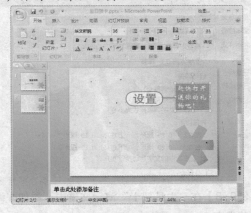

9.5.2 添加和编辑艺术字

艺术字是一种特殊的图形文字，常被用来表现幻灯片的标题文字。既可对其设置其字号、加粗、倾斜等效果，也可以像对图形对象那样设置它的边框、填充等属性，还可以对其进行大小调整、旋转或添加阴影、三维效果等。

1. 插入艺术字

在【插入】选项卡的【文本】组中单击【艺术字】按钮，打开艺术字样式列表，选择需要的样式，即可在幻灯片中插入艺术字。

2. 编辑艺术字

选中插入的艺术字，然后在【格式】选项卡的【艺术字样式】组中单击对话框启动器，打开【设置文本效果格式】对话框，在该对话框中可以对艺术字进行编辑修改。

> **注意事项**
>
> 要将艺术字转换为普通文字，在【艺术字样式】组中单击【其他】按钮，在弹出的菜单中选择【清除艺术字】命令即可。

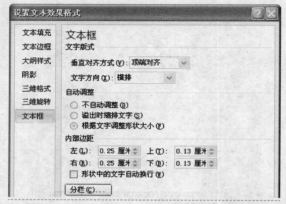

【例9-8】在"生日贺卡"演示文稿中,添加并编辑艺术字。

① 启动PowerPoint 2007应用程序,打开"生日贺卡"演示文稿。

② 在幻灯片预览窗口中选择第2张幻灯片缩略图,按下Enter键,添加新幻灯片。

③ 同时选中两个占位符,按下Delete键将其删除。

④ 打开【插入】选项卡,在【文本】组中单击【艺术字】按钮,在弹出的菜单中选择【渐变填充-强调文字颜色4,映像】艺术字样式,将其应用到幻灯片中。

⑤ 在艺术字占位符中输入文字"鲜花所代表的意义",并将其拖动到适当位置。

⑥ 在幻灯片预览窗口中选择第2张幻灯片缩略图,将其显示在幻灯片编辑窗口中,使用同样的方法,插入艺术字。

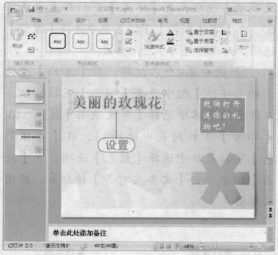

⑦ 自动激活绘图工具的【格式】选项卡,在【艺术字格式】组中单击【艺术字效果】按钮,从弹出的快捷菜单中选择【转换】|【上弯弧】命令,应用艺术字效果。

⑧ 在快速访问工具栏中单击【保存】按钮,保存编辑后的演示文稿。

9.5.3 添加和编辑SmartArt图形

使用SmartArt图形可以非常直观地说明层级关系、附属关系、并列关系、循环关系等各种常见关系,而且制作出来的图形漂亮精美,具有很强的立体感和画面感。

【例9-9】在"生日贺卡"演示文稿中,添加并编辑SmartArt图形。 ❤️视频+📄素材

①① 启动PowerPoint 2007应用程序,打开"生日贺卡"演示文稿。

②② 在幻灯片预览窗口中选择第2张幻灯片缩略图,将其显示在幻灯片编辑窗口中。

③③ 打开【插入】选项卡,在【插图】组中单击SmartArt按钮,打开【选择SmartArt图形】对话框,在左侧的列表中选择【关系】选项,在中间的列表区选择【带形箭头】选项,然后单击【确定】按钮,此时SmartArt图形插入到幻灯片中。

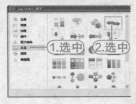 

④④ 在SmartArt图形的【文本】占位符中输入文字"红色"和"玫瑰"。

⑤⑤ 选中SmartArt图形,打开SmartArt工具的【设计】选项卡,在【SmartArt样式】组中单击【更改颜色】按钮,在弹出的颜色列表中选择【彩色范围-强调文字颜色4至5】选项,为SmartArt图形应用样式。

⑥⑥ 在快速访问工具栏中单击【保存】按钮,保存编辑后的演示文稿。

9.5.4 添加和编辑图片

在演示文稿中插入图片,可以更生动形象地阐述其主题和要表达的思想。在插入图片时,要充分考虑幻灯片的主题,使图片和主题和谐一致。

1. 插入剪贴画

PowerPoint 2007附带的剪贴画库内容非常丰富,所有的图片都经过专业设计,它们能够表达不同的主题,适合于制作各种不同风格的演示文稿。

要插入剪贴画,可以在【插入】选项卡的【插图】组中单击【剪贴画】按钮,打开【剪贴画】任务窗格,在【搜索文字】文本框中输入名称后,单击【搜索】按钮,即可查找需要的剪贴画。

> ◎ **注意事项**
>
> Microsoft Office剪贴画库中的内容非常丰富,包括Web元素、保健、背景、标志、地点、地图、动物、符号、概念、工具、工业、幻想、艺术、运动、天气、通信、植物、宗教、休闲等,而且还可以访问http://office.microsoft.com/clipart/default.aspx? lc=zh-cn在线下载更多的剪贴画。

2. 插入来自文件的图片

用户除了插入PowerPoint 2007附带的剪贴画之外,还可以插入本地的图片。

要插入本地图片,可以在【插入】选项卡的【插图】组中单击【图片】按钮,打开【插入图片】对话框,选择需要的图片后,单击【插入】按钮即可。

3. 编辑图片

在幻灯片中添加图片后，PowerPoint 2007功能区会自动打开【格式】选项卡。使用其中的按钮可以完成各种编辑操作，例如设置色彩、对比度、亮度、裁剪及透明色等，使它们更能适应演示文稿的需要。

【例9-10】在"生日贺卡"演示文稿中，插入剪贴画和图片，并对其进行编辑。

① 启动PowerPoint 2007应用程序，打开"生日贺卡"演示文稿。

② 此时默认打开第一张幻灯片，在【插入】选项卡的【插图】组中单击【剪贴画】按钮，打开【剪贴画】任务窗格。

③ 在【搜索文字】文本框中输入"生日快乐"，单击【搜索】按钮，开始搜索剪贴画，然后在下面的列表框中单击要插入的剪贴画。

④ 此时在幻灯片中插入剪贴画，调节其位置。

⑤ 在幻灯片预览窗口中选择第2张幻灯片

缩略图，将其显示在幻灯片编辑窗口中。

⑥ 在【插入】选项卡的【插图】组中单击【图片】按钮，打开【插入图片】对话框。

⑦ 在【查找范围】下拉列表中选择文件路径，在文件列表中选中要插入的图片，然后单击【插入】按钮。

⑧ 此时图片添加到幻灯片中，调节图片的位置和大小。

⑨ 使用同样的方法，在第2张幻灯片中插入另一张图片。

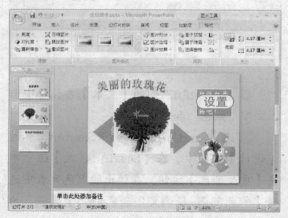

⑩ 选中玫瑰花图片，在【格式】选项卡的【图片样式】组中单击【其他】按钮，在弹出的列表中选择【棱台形椭圆，黑色】选项，为图片应用样式。

⑪ 使用同样的方法，为礼物图片应用【图形对角，白色】样式。

⑫ 在快速访问工具栏中单击【保存】按钮，保存编辑后的演示文稿。

9.5.5 添加和编辑表格

使用PowerPoint制作一些专业型演示文稿时，通常需要使用表格。例如，销售统计表、个人简历表、财务报表等。表格采用行列化的形式，它与幻灯片页面文字相比，更能体现内容的对应性及内在的联系。

1. 自动插入表格

当需要在幻灯片中直接添加表格时，可以使用【插入】按钮插入或为该幻灯片选择含有内容的版式。

◆ 使用【表格】按钮插入表格：打开【插入】选项卡，在【表格】组中单击【表格】按钮，在弹出的菜单中的网格框中拖动鼠标左键可以确定要创建表格的行数和列数，再次单击鼠标即可完成一个规则表格的创建。

◆ 使用包含内容的版式插入表格：新幻灯片自动带有包含内容的版式，在【单击此处添加文本】文本占位符中单击【插入表格】按钮▦，打开【插入表格】对话框，在对话框中设置【列数】和【行数】属性，单击【确定】按钮即可。

◇═══ 专家指点 ═══◇

所谓包含内容的版式是指该版式包含插入表格、图表、剪贴画、图片、SmartArt图形和影片的按钮，而不需要在功能区选择相应命令来执行。

2. 手动绘制表格

当插入的表格并不是完全规则时，也可以直接在幻灯片中绘制表格。绘制表格的方法很简单，只要在【插入】选项卡的【表格】组中单击【表格】按钮，从弹出的快捷菜单中选择【绘制表格】命令。选择该命令后，鼠标指针将变为【✐】形状，此时可以在幻灯片中进行绘制。

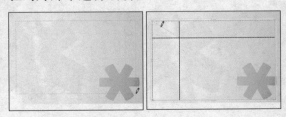

3. 设置表格样式

插入到幻灯片中的表格不仅可以像文本框和占位符一样被选中、移动、调整大小及删除，还可以添加底纹、设置边框样式、应用阴影效果等。

在幻灯片中选中插入的表格，功能区将

自动激活表格工具的【设计】选项卡。该选项卡可以帮助用户快速设置表格外观和边框样式。

【例9-11】在"生日贺卡"演示文稿中，插入表格，并设置表格样式。◇视频+◇素材

⓵ 启动PowerPoint 2007应用程序，打开"生日贺卡"演示文稿。

⓶ 在幻灯片预览窗口中选择第3张幻灯片缩略图，将其显示在幻灯片编辑窗口中。

⓷ 在【插入】选项卡的【表格】组中单击【表格】按钮，在弹出的菜单中的网格线中拖动鼠标左键选中6行2列。

⓸ 单击鼠标即可完成一个规则表格的创建，此时表格添加到幻灯片中。

⓹ 调整表格大小，并在表格中输入文字，设置字号为24，字型为加粗。

⓺ 打开【局部】选项卡，在【对齐方式】组中，单击【居中】按钮和【垂直居中】按钮，设置文本居中垂直对齐。

⓻ 打开【设计】选项卡，在【表格样式】组单击【其他】按钮，从弹出的样式列表中选择【深色样式2-强调1/强调2】样式，将其应用到当前表格中。

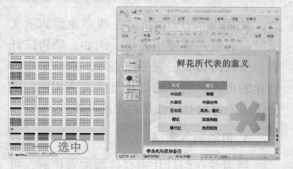

⓼ 在快速访问工具栏中单击【保存】按钮，保存编辑后的演示文稿。

Chapter

10

设计和放映幻灯片

在设计幻灯片时，可以使用PowerPoint提供的预设格式，例如设计模板、主题样式、动画方案等，轻松地制作出具有专业效果的演示文稿；还可以加入动画效果，在放映幻灯片时产生特殊的视觉或声音效果；还可以加入页眉和页脚等信息，使演示文稿的内容更为全面。

■ 设置幻灯片母版
■ 应用与自定义主题
■ 设置幻灯片背景
■ 设置幻灯片切换动画
■ 设置对象自定义动画
■ 创建交互式演示文稿
■ 放映幻灯片
■ 打包演示文稿

参见随书光盘

10.1 设置幻灯片母版

幻灯片母版决定着幻灯片的外观，可用于设置幻灯片的标题、正文文字等样式，包括字体、字号、字体颜色、阴影等效果；也可以设置幻灯片的页眉和页脚等。也就是说，幻灯片母版可以为所有幻灯片设置默认的版式。

10.1.1 查看幻灯片母版

PowerPoint 2007中的母版类型分为幻灯片母版、讲义母版和备注母版3种。当需要设置幻灯片风格时，可以在幻灯片母版视图中进行设置；当需要将演示文稿以讲义形式打印输出时，可以在讲义母版中进行设置；当需要在演示文稿中插入备注内容时，则可以在备注母版中进行设置。由于讲义母版和备注母版的操作方法较为简单，且不常用，因此本节主要介绍查看幻灯片母版的方法。

幻灯片母版是存储模板信息的设计模板的一个元素。幻灯片母版中的信息包括字形、占位符大小和位置、背景设计和配色方案。用户通过更改这些信息，就可以更改整个演示文稿中幻灯片的外观。

打开【视图】选项卡，在【演示文稿视图】组中单击【幻灯片母版】按钮，打开幻灯片母版视图，此时将自动激活【幻灯片母版】选项卡。

> **专家指点**
>
> 在【视图】选项卡的【演示文稿视图】组中，单击【讲义母版】按钮，即可打开讲义母版视图；单击【备注母版】按钮，即可打开备注母版视图。

> **注意事项**
>
> 在幻灯片母版视图下，用户可以看到所有可以输入内容的区域，如标题占位符、副标题占位符以及母版下方的页脚占位符。这些占位符的位置及属性，决定了应用该母版的幻灯片的外观属性，当改变了这些占位符的位置、大小以及其中文字的外观属性后，所有应用该母版的幻灯片的属性也将随之改变。

10.1.2 编辑幻灯片母版

在PowerPoint 2007中创建的演示文稿都带有默认的版式，这些版式一方面决定了占位符、文本框、图片、图表等内容在幻灯片中的位置，另一方面决定了幻灯片中文本的样式。在幻灯片母版视图中，用户可以按照需要设置母版版式。

【例10-1】设置幻灯片母版中的字体格式，并调整母版中的背景图片样式。视频+素材

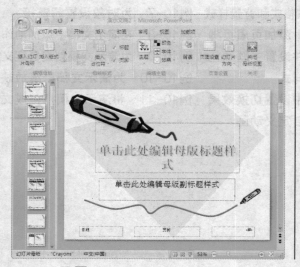

01 启动PowerPoint 2007应用程序，根据我的模板Crayons创建一个新演示文稿。

02 打开【视图】选项卡,单击【演示文稿视图】组中的【幻灯片母版】按钮,切换到幻灯片母版视图。

03 选中【单击此处编辑母版标题样式】占位符,右击,在打开的快捷工具栏中设置文字标题样式的字体为华文隶书、字号为54、字体颜色为深红、字型为加粗。

04 选中【单击此处编辑副标题样式】占位符,右击,在打开的快捷工具栏中设置文字标题样式的字体颜色为深蓝、字型为加粗。

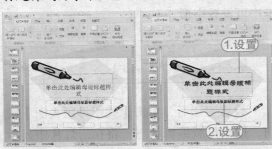

05 在左侧预览窗格中选择第2张幻灯片,将该幻灯片母版显示在编辑区域。

06 选中幻灯片母版左下角的笔形图形,向外拖动该图形右上角的白色控制点,调节图形的大小。

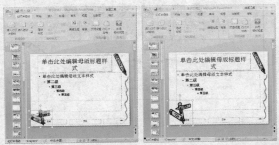

07 选中母版右侧的曲线形图形,在【格式】选项卡【形状样式】组中设置【形状填充】属性为【黄色】。

08 打开【插入】选项卡,在【插图】组中单击【图片】按钮,打开【插入图片】选项卡,选择一张图片,然后单击【插入】按钮。

09 此时图片将插入到母版中,调节图片的大小和位置,然后右击该图片,在弹出的快捷菜单中选择【置于底层】|【置于底层】命令,设置图片叠放在最底层。

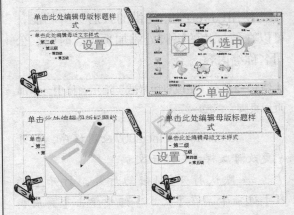

10 单击【关闭母版视图】按钮,返回到普通视图模式。选中第1张幻灯片,按Enter键,添加新幻灯片,此时除第1张幻灯片外,其他幻灯片中都自动带有添加的图片。

11 在快速访问工具栏中单击【保存】按钮,将编辑母版后的演示文稿以文件名"更改母版样式"进行保存。

10.1.3 设置页眉和页脚

制作幻灯片时,可以使用PowerPoint提供的页眉页脚功能为每张幻灯片添加相对固定的信息。另外,还可以在幻灯片母版视图中设置页眉和页脚,使幻灯片看起来更加专业化。

1. 添加页眉和页脚

使用PowerPoint提供的页眉页脚功能，可以在幻灯片的页脚处添加页码、时间、公司名称等内容。

【例10-2】在"更改母版样式"演示文稿中，添加页眉页脚。◇视频＋◇素材

①① 启动PowerPoint 2007应用程序，打开"更改母版样式"演示文稿。

①② 默认打开第1张幻灯片，打开【插入】选项卡，在【文本】组中单击【页眉和页脚】按钮，打开【页眉和页脚】对话框。

①③ 选中【日期和时间】复选框，在该选项区域中选中【固定】单选按钮，并在其下方的文本框中输入文字"2009-11-17制作"，选中【幻灯片编号】和【页脚】复选框，在页脚下方的文本框中输入"由cxz所设计"，然后单击【全部应用】按钮。

①④ 在快速访问工具栏中单击【保存】按钮，保存演示文稿。

─（ 专家指点 ）────────

在【页眉和页脚】对话框中，选中【标题幻灯片中不显示】复选框，可以设置演示文稿中的第1张幻灯片不显示页眉和页脚。

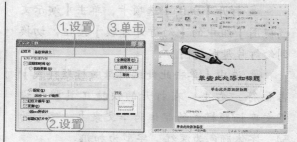

2. 设置页眉和页脚

进入幻灯片母版视图后，选中【日期区】、【页脚区】占位符，在【开始】选项卡中可设置字形。

设置完毕后，单击【关闭母版视图】按钮，退出母版编辑状态，将在幻灯片中显示设置后的页脚。

10.2 应用与自定义主题

PowerPoint 2007为每种设计模板提供了几十种内置的主题颜色，用户可以根据需要选择不同的颜色来设计演示文稿。这些颜色是预先设置好的协调色，自动应用于幻灯片的背景、文本线条、阴影、标题文本、填充、强调和超链接。

10.2.1 套用主题样式

应用设计模板后，在功能区打开【设计】选项卡，单击【主题】组中的【颜色】按钮█颜色，将打开主题颜色菜单。在该菜单中，用户可以根据自己的需求，快速地为幻灯

片套用其他主题样式。

【例10-3】为空演示文稿应用主题，然后重新设置主题颜色。🎬视频+📁素材

⑩ 启动PowerPoint 2007应用程序，打开空演示文稿。

⑫ 打开【设计】选项卡，在【主题】组中的主题列表中选择【凸显】选项，将其应用到当前演示文稿中。

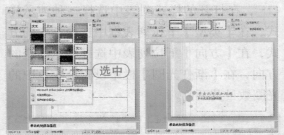

⑬ 在【设计】选项卡的【主题】组中单击【颜色】按钮，在打开菜单的【内置】选项区域中单击【都市】选项，将该颜色方案应用到演示文稿中。

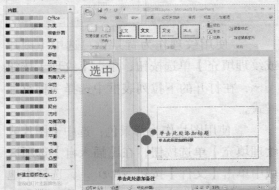

⑭ 在快速访问工具栏中单击【保存】按钮，将该演示文稿以文件名"套用主题样式"进行保存。

◎ 专家指点 ◎

若选中的主题颜色仅需要应用于当前幻灯片，右击该颜色选项，在弹出的快捷菜单中选择【应用于所选幻灯片】命令即可。

10.2.2 自定义主题

如果对系统自带的主题配色方案不满意，还可以自定义配色方案，方法如下：

🔹 在演示文稿中，打开【设计】选项卡，单击【主题】组中的【颜色】按钮，在弹出的菜单中选择【新建主题颜色】命令，打开【新建主题颜色】对话框。在对话框中为幻灯片中的文字、背景、超链接等定义颜色，并将新建的主题命名保存到当前演示文稿中。

🔹 在【设计】选项卡的【主题】组中单击【主题效果】按钮 ，在弹出的列表中选择要使用的效果，用于指定当前演示文稿的线条与填充效果。

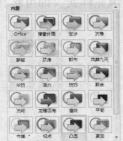

🔹 在【设计】选项卡的【主题】组中单击【字体】按钮 🔲字体，在弹出的内置字体命令中选择一种字体类型，或选择【新建主题字体】命令，打开【新建主题字体】对话框。在对话框中定义幻灯片中文字的字体，并将主题命名保存到当前演示文稿中。

◎ 专家指点 ◎

自定义主题后，在【设计】选项卡的【主题】组中单击【其他】按钮，从弹出的菜单中选择【保存当前主题】命令，即可保存该主题。

10.3 设置幻灯片背景

为幻灯片设置背景可以使幻灯片更加美观。PowerPoint 2007提供了几种背景色样式供用户快速应用。用户如果对提供的样式不满意,还可以自定义其他的背景,如渐变色、纹理或图案等。

10.3.1 套用背景样式

应用现有背景样式的方法很简单。首先打开需要套用背景样式的演示文稿,然后打开【设计】选项,在【背景】组中单击【背景样式】按钮,在弹出的列表框中选择一种填充样式,即可将其应用到演示文稿中。

> **注意事项**
>
> 默认情况下,新建一张幻灯片后,新幻灯片的背景将沿用前一张幻灯片的背景,如果是空白演示文稿,则背景为白色。另外,在【背景】组中选中【隐藏背景图形】复选框,即可忽略当前幻灯片中的背景图形。

10.3.2 自定义背景

当用户不满足于PowerPoint提供的背景样式时,可以在背景样式菜单中选择【设置背景格式】命令,打开【设置背景格式】对话框,在该对话框中可以设置背景的填充样式、渐变以及纹理格式等。

具体的设置方法如下:

🔹 使用纯色作为背景色:在【设置背景格式】对话框选中【纯色填充】单选按钮,单击【颜色】按钮 ◇ ▾,在弹出的菜单中选择一种颜色。其下方的【透明度】微调框可以用来输入颜色的透明度。

🔹 使用渐变色作为背景色:选中【渐变填充】单选按钮,单击【预设颜色】按钮 ▢ ▾,在打开的样式列表中选择一种演示样式,在【类型】下拉列表框中选择渐变的方式,在【方向】下拉列表中选择颜色渐变的方向,在【渐变光圈】栏中设置渐变色中的光圈数量及颜色。

🔹 使用纹理作为背景色:选中【图片或纹理填充】单选按钮,单击【纹理】按钮 ▨ ▾,在打开的下拉列表框中选择一种纹理样式。

🔹 使用图片作为背景色:选中【图片或纹理填充】单选按钮,在【插入自】选项区域中单击【文件】按钮 文件(F)... ,选择本地磁盘中的图片作为背景;单击【剪贴板】按钮 剪贴板(C) ,将刚执行复制或剪切操作后的图片粘贴到幻灯片中作为背景;单击【剪贴画】按钮 剪贴画(R)... ,则可以在剪贴画窗格中选择剪贴画作为背景。

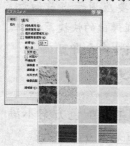

【例10-4】在【例10-2】创建的"更改母版样式"演示文稿中，自定义背景样式。 ▷视频+▷素材

① 启动PowerPoint 2007应用程序，打开【例10-2】创建的"更改母版样式"演示文稿。

② 打开第一张幻灯片，在【设计】选项卡的【背景】组中选中【隐藏背景图形】复选框，取消幻灯片的背景显示。

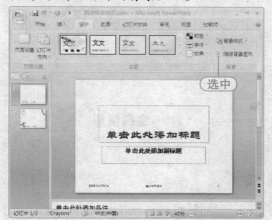

③ 在【背景】组中单击【背景样式】按钮，在弹出的菜单中选择【设置背景格式】命令，打开【设置背景格式】对话框，在【填充】选项区域中选中【图片或纹理填充】单选按钮，在【插入自】选项区域中单击【文件】按钮。

④ 打开【插入图片】对话框，选择需要插入的背景图片，单击【插入】按钮。

⑤ 返回到【设置背景格式】对话框，单击【关闭】按钮，此时幻灯片背景将显示插入的图片。

◁ 专家指点 ▷

如果要将选中的图片应用于演示文稿的所有幻灯片中，可以在【设置背景格式】对话框中单击【全部应用】按钮。

10.4 设置幻灯片切换动画

幻灯片切换效果是指一张幻灯片如何从屏幕上消失，以及另一张幻灯片如何显示在屏幕上的方式。幻灯片切换方式可以是简单地以一个幻灯片代替另一个幻灯片，也可以是幻灯片以特殊的效果出现在屏幕上；可以为一组幻灯片设置同一种切换方式，也可以为每张幻灯片设置不同的切换方式。

为幻灯片添加切换动画，可以打开【动画】选项卡，然后在【切换到此幻灯片】组中进行设置。在【切换到此幻灯片】组中单击【其他】按钮 ，将打开幻灯片动画效果列表，当鼠标指针指向某个选项时，幻灯片将应用该效果，供用户预览。

【切换到此幻灯片】组中其他选项的含义如下：

● 【切换声音】下拉列表框：该下拉列表框提供了多种声音效果，选择这些选项可以在两张幻灯片切换时产生特殊的声音。

● 【切换速度】下拉列表框：该下拉列表框包含慢速、中速和快速3个选项。对于一些复杂的动画效果类型，最好不要选择【快速】选项，因为可能会使动画在放映时运行不连续。

● 【全部应用】按钮：单击该按钮，当前演示文稿中的所有幻灯片的切换方式将变为统一风格。

● 【单击鼠标时】复选框：选中该复选框，则在幻灯片放映过程中单击鼠标，演示画面将切换到下一张幻灯片。

● 【在此之后自动切换】复选框：选中该复选框，可以在其右侧的文本框中输入等待时间。当一张幻灯片在放映过程中已经显示了规定的时间后，演示画面将自动切换到下一张幻灯片。

【例10-5】为"生日贺卡"演示文稿设置切换效果。●视频+●素材

---

①启动PowerPoint 2007应用程序，打开"生日贺卡"演示文稿。

②打开【动画】选项卡，在【切换到此幻灯片】组中单击￣按钮，在弹出的菜单中选择【菱形】选项。

③在【切换声音】下拉列表框中选择【风铃】选项；在【切换速度】下拉列表框中选择【中速】选项。

④单击【全部应用】按钮 全部应用，将演示文稿的所有幻灯片都应用该切换方式。此时幻灯片预览窗口显示的幻灯片缩略图左下角都将出现动画标志 。

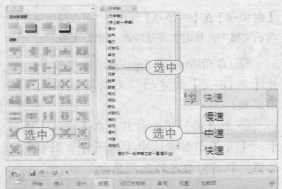

⑤在【切换到此幻灯片】组中选中【在此之后自动设置动画效果】复选框，并在其右侧的文本框中输入"00：10"。

⑥打开【幻灯片放映】选项卡，在【开始放映幻灯片】组中单击【从头开始】按钮 ，从第1张幻灯片开始放映。演示文稿放映时，单击鼠标或等待10秒钟后，将自动切换到下一张幻灯片。

⑦在快速访问工具栏中单击【保存】按钮，保存设置的幻灯片切换效果。

10.5 设置对象自定义动画

在PowerPoint中，除了幻灯片切换动画外，还包括自定义动画。所谓自定义动画，是指为幻灯片内部各个对象设置的动画，它又可以分为项目动画和对象动画。其中，项目动画是指为文本中的段落设置的动画，对象动画是指为幻灯片中的图形、表格、SmartArt图形等设置的动画。

10.5.1 进入式动画效果

进入动画可以设置文本或其他对象以多种动画效果进入放映屏幕。在添加动画效果之前需要选中对象。对于占位符或文本框来说，选中占位符、文本框，以及进入其文本编辑状态时，都可以为它们添加动画效果。

选中对象后，在【动画】选项卡的【动画】组中单击【自定义动画效果】按钮 ![自定义动画]，打开【自定义动画】窗格。在任务窗格中单击【添加效果】按钮，在弹出的菜单中选择【进入】菜单下的命令，即可为对象添加进入式动画效果；选择【进入】|【其他效果】命令，可以在打开的【添加进入效果】对话框中选择更多的动画效果。

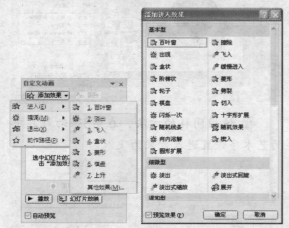

-- 专家指点 --

【添加进入效果】对话框的动画按风格分为基本型、细微型、温和型和华丽型。如选中最下方的【预览效果】复选框，则在对话框中单击一种动画时，都能在幻灯片编辑窗口中看到该动画的预览效果。

10.5.2 强调式动画效果

强调动画是为了突出幻灯片中的某部分内容而设置的特殊动画效果。

添加强调动画的过程和添加进入动画大体相同。选择对象后，在【自定义动画】任务窗格中单击【添加效果】按钮，选择【强调】菜单中的命令，即可为幻灯片中的对象添加强调式动画效果；选择【强调】|【其他效果】命令，打开【添加强调效果】对话框，可添加更多强调动画效果。

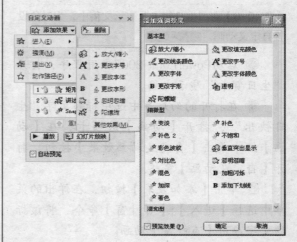

10.5.3 退出式动画效果

除了可以给幻灯片中的对象添加进入、强调动画效果外，还可以添加退出动画。退出动画可以设置幻灯片中的对象退出屏幕的效果。添加退出动画的过程和添加进入、强调动画效果大体相同。

在幻灯片中选中需要添加退出效果的对象，单击【添加效果】按钮，选择【退出】菜单中的命令，即可为幻灯片中的对象添加

退出动画效果；选择【退出】|【其他效果】命令，打开【添加退出效果】对话框，在该对话框中为对象添加更多的动画效果。

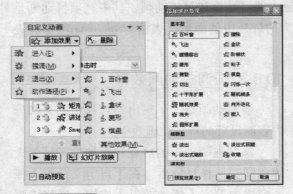

◀▶━ **专家指点** ━▶◀

退出动画名称有很大一部分与进入动画名称相同，所不同的是，它们的运动方向存在差异。

【例10-6】在"生日贺卡"演示文稿中，为对象设置自定义动画。 ⊙视频＋⊙素材

① 启动PowerPoint 2007应用程序，打开"生日贺卡"演示文稿。

② 在打开的幻灯片中选中标题文字"生日快乐"，打开【动画】选项卡，在【动画】组中单击【自定义动画效果】按钮，打开【自定义动画】窗格。

③ 单击【添加效果】按钮，在弹出的菜单中选择【进入】|【百叶窗】命令，将该标题文字应用【百叶窗】动画。

④ 在幻灯片中选中副标题文字，在任务窗格中单击【添加效果】按钮，选择【强

调】|【其他效果】命令，打开【添加强调效果】对话框。

⑤ 在【细微型】选项区域中选择【垂直突出显示】选项，单击【确定】按钮，将该标题文字应用强调式动画。

⑥ 使用同样的方法，在第2张幻灯片中为艺术字设置强调效果为补色2，为图片、文本框设置进入效果为飞入。

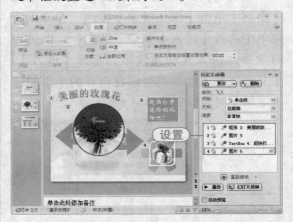

⑦ 使用同样的方法，在第3张幻灯片中为艺术字设置进入效果为飞入。

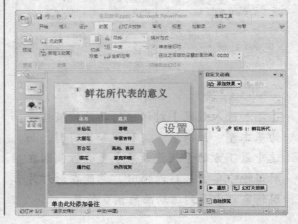

⑧ 在第3张幻灯片中，选中表格对象，在任务窗格中单击【添加效果】按钮，选择【退出】|【其他效果】命令，打开【添加退出效果】对话框。

⑨ 在【基本型】选项区域中选择【轮子】选项，单击【确定】按钮，将该表格应用退出式动画。

当幻灯片中的对象被添加动画效果后，每个对象的左侧都会显示一个带有数字的矩形标记。这个矩形表示已经对该对象添加了动画效果，中间的数字表示该动画在当前幻灯片中的播放次序。在添加动画效果时，添加的第1个动画次序为"1"，它在幻灯片放映时是出现最早的自定义动画。

⑩ 打开【幻灯片放映】选项卡，在【开始放映幻灯片】组中单击【从头开始】按钮，从第1张幻灯片开始放映。

⑪ 在快速访问工具栏中单击【保存】按钮，保存添加的自定义动画设置。

● 专家指点 ●

为幻灯片的对象添加动画效果后，【自定义动画】窗格中的动画列表会按照添加的顺序显示当前幻灯片添加的所有动画效果。当用户将鼠标移动到该动画上方时，系统会提示该动画效果的属性，如动画的开始方式、动画效果名称及被添加对象的名称等信息。

10.5.4 动作路径动画效果

动作路径动画又称为路径动画，可以指定文本等对象沿预定的路径运动。PowerPoint中的动作路径动画不仅提供了大量预设路径效果，还可以由用户自定义路径动画。

单击【添加效果】按钮，选择【动作路径】菜单中的命令，即可为幻灯片中的对象添加动作路径动画效果；选择【动作路径】|【其他动作路径】命令，打开【添加动作路径】对话框，在其中可以选择更多的动作路径。

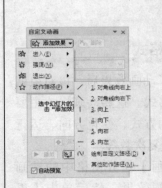

在【动作路径】菜单中选择【绘制自定义路径】命令，将出现下一级菜单，该级菜单包含【直线】、【曲线】、【任意多边形】和【自由曲线】4个命令。在选择了绘制自定义路径的命令后，就可以在幻灯片中拖动鼠标绘制出需要的图形。当双击鼠标时，结束绘制，动作路径即出现在幻灯片中。

绘制完的动作路径起始端将显示一个绿

色的▶标志，结束端将显示一个红色的▶标志，两个标志以一条虚线连接。当需要改变动作路径的位置时，只需要单击该路径拖动即可。拖动路径周围的控制点，可以改变路径的大小。

在绘制路径时，当路径的终点与起点重合时双击鼠标，此时的动作路径变为闭合状，路径上只有一个绿色的▶标志。

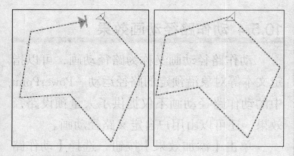

> ◆ 专家指点 ◆
>
> 将一个开放路径转变为闭合路径，可以右击该路径，在弹出的快捷菜单中选择【关闭路径】命令即可；反之，将一个闭合路径转变为开放路径，可以在右键菜单中选择【开放路径】命令。

10.5.5 更改动画格式

当为对象添加了动画效果后，该对象就应用了默认的动画格式。这些动画格式主要包括动画开始运行的方式、变化方向、运行速度、延时方案、重复次数等。

在【自定义动画】任务窗格中的动画效果列表中单击动画效果，然后单击【更改】按钮，可以重新设置动画效果；在【开始】、【方向】和【速度】3个下拉列表框中选择需要的命令，可以设置动画开始方式、变化方向和运行速度等参数。

另外，在动画效果列表中右击动画效果，从弹出的快捷菜单中选择【效果选项】命令，打开效果设置对话框，也可以设置动画效果。

> ◆ 专家指点 ◆
>
> 效果设置对话框中包含了【效果】、【计时】和【正文文本动画】3个选项卡，当动画作用的对象是剪贴画、图片等对象时，【正文文本动画】选项卡将消失。

10.5.6 调整动画播放顺序

在为幻灯片中的多个对象添加动画效果时，添加效果的顺序就是幻灯片放映时的播放次序。当幻灯片中的对象较多时，难免在添加效果时使动画次序产生错误，这时可以在动画效果添加完成后，再对其进行重新调整。

在【自定义动画】任务窗格的列表中单击需要调整播放次序的动画效果，然后单击窗格底部的【上移】按钮★或【下移】按钮★来调整该动画的播放次序。其中，单击【上移】按钮表示将该动画的播放次序提前，单击【下移】按钮表示将该动画的播放次序向后移一位。另外，用户也可以直接拖动动画效果上下移动来改变其播放次序。

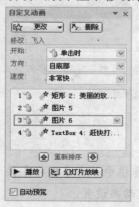

10.6 创建交互式演示文稿

在PowerPoint中，用户可以为幻灯片中的文本、图形、图片等对象添加超链接或者动作。当放映幻灯片时，可以在添加了动作的按钮或者超链接的文本上单击，程序将自动跳转到指定的幻灯片页面，或者执行指定的程序。演示文稿不再是从头到尾播放的线形模式，而是具有了一定的交互性，能够按照预先设定的方式，在适当的时候放映需要的内容，或做出相应的反应。

10.6.1 添加超链接

超链接是指向特定位置或文件的一种链接方式，可以利用它指定程序的跳转位置。超链接只有在幻灯片放映时才有效，当鼠标移至超链接文本时，鼠标将变为手形指针。在PowerPoint中，超链接可以跳转到当前演示文稿中的特定幻灯片、其他演示文稿中特定的幻灯片、自定义放映、电子邮件地址、文件或Web页上。

> ○ 注意事项 ○
>
> 只有幻灯片中的对象才能添加超链接，备注、讲义等内容不能添加超链接。幻灯片中可以显示的对象几乎都可以作为超链接的载体。添加或修改超链接的操作一般在普通视图中的幻灯片编辑窗口中进行。在幻灯片预览窗口的大纲选项卡中，只能对文字添加或修改超链接。

【例10-7】在"生日贺卡"演示文稿中，为对象设置超链接。

①1 启动PowerPoint 2007应用程序，打开"生日贺卡"演示文稿。

②2 在打开的第1张幻灯片中选中副标题文字"献给客户朋友"，打开【插入】选项卡，在【链接】组中单击【超链接】按钮，打开【插入超链接】对话框。

③3 在对话框的【链接到】列表中单击【本文档中的位置】按钮，在【请选择文档中的位置】列表框中单击【幻灯片标题】展开列表中的【幻灯片3】选项，然后单击

【确定】按钮。

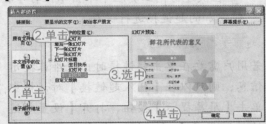

④4 此时该文字变为不同于原来的颜色，且文字下方出现下划线。

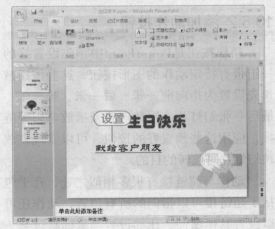

> ○ 专家指点 ○
>
> 在添加了超链接的文字或图片上右击，从弹出的快捷菜单中选择【编辑超链接】命令，将打开与【插入超链接】对话框十分相似的【编辑超链接】对话框，用户可以按照添加超链接的方法对已有超链接进行修改。

⑤5 打开【幻灯片放映】选项卡，在【开始放映幻灯片】组中单击【从头开始】按钮，从第1张幻灯片开始放映。将鼠标移动到文字"献给客户朋友"上，此时鼠标指针变为手形。

06 单击超链接，演示文稿将自动跳转到第3张幻灯片。

07 在快速访问工具栏中单击【保存】按钮，将添加的超链接进行保存。

> **专家指点**
>
> 若用户需要在单击超链接时出现屏幕提示信息，则可以在【插入超链接】对话框中单击【屏幕提示】按钮，打开【设置超链接屏幕提示】对话框，在【屏幕提示文字】文本框中输入提示文字即可。

10.6.2 添加动作按钮

动作按钮是PowerPoint中预先设置好的一组带有特定动作的图形按钮，这些按钮被预先设置为指向前一张、后一张、第一张、最后一张幻灯片、播放声音及播放电影等链接，应用这些预置好的按钮，可以实现在放映幻灯片时跳转的目的。

动作与超链接有很多相似之处，几乎包括了超链接可以指向的所有位置，动作还可以设置其他属性，比如设置当鼠标移过某一对象上方时的动作。设置动作与设置超链接是相互影响的，在【设置动作】对话框中作的设置，可以在【编辑超链接】对话框中表现出来。

【例10-8】在"生日贺卡"演示文稿中，添加动作按钮。

01 启动PowerPoint 2007应用程序，打开"生日贺卡"演示文稿。

02 在幻灯片预览窗口中选择第3张幻灯片缩略图，将其显示在幻灯片编辑窗口中。

03 打开【插入】选项卡，在【插图】组

中单击【形状】按钮，在打开菜单的【动作按钮】选项区域中选择【后退或前一项】命令，在幻灯片中拖动鼠标绘制该图形。

04 释放鼠标时，系统将自动打开【动作设置】对话框，在【单击鼠标时的动作】选项区域中选中【超链接到】单选按钮，在下面的下拉列表框中选择【幻灯片】选项。

05 打开【超链接到幻灯片】对话框，在对话框中选择幻灯片【生日快乐】选项，然后单击【确定】按钮。

 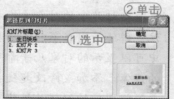

06 返回到【动作设置】对话框，打开【鼠标移过】选项卡，选中【播放声音】复选框，并在其下方的下拉列表框中选择【激光】选项，单击【确定】按钮，完成该动作的设置。

> **专家指点**
>
> 如在【鼠标移过】选项卡中选中【超链接到】单选按钮，在其下拉列表框中选择【幻灯片1】选项，则在放映演示文稿过程中，当鼠标移过该动作按钮(无需单击)时，演示文稿将直接跳转到幻灯片1。

07 在幻灯片中选中绘制的图形，打开【格式】选项卡，单击【形状填充】按钮，从弹出的颜色面板中选择【紫色】色块，将图形颜色填充为紫色。

⑧ 幻灯片放映时，当按下该动作按钮后演示文稿自动跳转到第1张幻灯片。

⑨ 在快速访问工具栏中单击【保存】按钮，将修改后的演示文稿保存。

◉ 专家指点 ◉

如果不需要某个超链接或动作，可以在超链接或动作按钮上右击，在弹出的快捷菜单中选择【删除超链接】命令即可。

◉ 注意事项 ◉

在普通视图模式下，右击幻灯片预览窗口中的幻灯片缩略图，在弹出的快捷菜单中选择【隐藏幻灯片】命令，或者在功能区的【幻灯片放映】选项卡中单击【隐藏幻灯片】按钮 即可隐藏幻灯片。被隐藏的幻灯片编号上将显示一个带有斜线的灰色小方框，如 ，则该张幻灯片在正常放映时不会被显示，只有当用户单击了指向它的超链接或动作按钮后才会显示。

10.7 放映幻灯片

对演示文稿设置完毕后，即可对其进行放映操作。但在放映幻灯片前，还需要根据实际情况对幻灯片进行一系列的设置。

10.7.1 设置幻灯片放映方式

PowerPoint 2007提供了多种演示文稿的放映方式，最常用的是幻灯片页面的演示控制，主要有幻灯片的定时放映、连续放映及循环放映。

1. 定时放映幻灯片

用户在设置幻灯片切换效果时，可以设置每张幻灯片在放映时停留的时间，当等待到设定的时间后，幻灯片将自动向下放映。

打开【动画】选项卡，在【切换到此幻灯片】组的【切换方式】工具中，选中【单击鼠标时】复选框，则用户单击鼠标或下Enter键和空格键时，放映的演示文稿将切

换到下一张幻灯片；选中【在此之后自动切换】复选框，并在其右侧的文本框中输入时间（时间为秒）后，则在演示文稿放映时，当幻灯片等待了设定的秒数之后，将会自动切换到下一张幻灯片。

2. 连续放映幻灯片

在【动画】选项卡中为当前选定的幻灯片设置自动切换时间后，单击【全部应用】按钮，为演示文稿中的每张幻灯片设定相同的切换时间，这样就实现了幻灯片的连续自动放映。

由于每张幻灯片的内容不同，放映的时

间可能不同，所以设置连续放映的最常见方法是通过排练计时功能完成。用户也可以根据每张幻灯片的内容，在【幻灯片切换】窗格中为每张幻灯片设定放映时间。

3. 循环放映幻灯片

用户将制作好的演示文稿设置为循环放映，可以应用于如展览会场的展台等场合，让演示文稿自动运行并循环播放。

在【幻灯片放映】选项卡中单击【设置幻灯片放映】按钮，打开【设置放映方式】对话框。在【放映选项】选项区域中选中【循环放映，按Esc键终止】复选框，则在播放完最后一张幻灯片后，会自动跳转到第一张幻灯片，而不是结束放映，直到用户按Esc键退出放映状态。

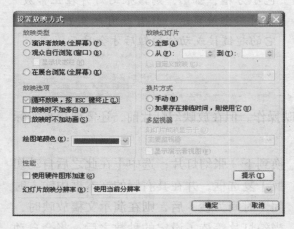

注意事项

在【放映类型】选项区域中可以设置放映类型。其中在演讲者放映类型下，演讲者现场控制演示节奏，具有放映的完全控制权；在观众自行浏览放映类型下，PowerPoint窗口具有菜单栏、Web工具栏，类似于浏览网页的效果，便于观众自行浏览；在展台浏览放映类型下，超链接等控制方法都失效，当播放完最后一张幻灯片后，会自动从第一张重新开始播放，直至用户按下键盘上的Esc键才会停止播放。

4. 自定义放映幻灯片

自定义放映是指用户可以自定义演示文稿放映的张数，使一个演示文稿适用于多种观众，即可以将一个演示文稿中的多张幻灯片进行分组，以便对特定的观众放映演示文稿中的特定部分。用户可以用超链接分别指向演示文稿中的各个自定义放映，也可以在放映整个演示文稿时只放映其中的某个自定义放映。

【例10-9】 为"生日贺卡"演示文稿创建自定义放映。 📎视频＋📋素材

01 启动PowerPoint 2007应用程序，打开"生日贺卡"演示文稿。

02 打开【幻灯片放映】选项卡，在【开始放映幻灯片】组中单击【自定义幻灯片放映】按钮，在弹出的菜单中选择【自定义放映】命令，打开【自定义放映】对话框，单击【新建】按钮。

03 打开【定义自定义放映】对话框，在【幻灯片放映名称】文本框中输入文字"主题介绍"，在【在演示文稿中的幻灯片】列表中选择第1张和第2张幻灯片，然后单击【添加】按钮，将两张幻灯片添加到【在自定义放映中的幻灯片】列表中，然后单击【确定】按钮。

04 返回【自定义放映】对话框，刚创建的自定义放映名称将会显示在【自定义放映】列表中，单击【关闭】按钮。

05 在【幻灯片放映】选项卡的【设置】组中单击【设置幻灯片放映】按钮，打开【设置放映方式】对话框，在【放映幻灯片】选项区域中选中【自定义放映】单选按钮，然后在其下方的列表框中选择需要放映的自定义放映，然后单击【确定】按钮。

06 此时按下F5键，将自动播放自定义放映幻灯片。

07 单击Office按钮，在弹出的菜单中选择【另存为】命令，将该演示文稿以文件名"自定义放映"进行保存。

5. 幻灯片缩略图放映

幻灯片缩略图放映是指可以在屏幕的左上角显示幻灯片的缩略图，从而方便在编辑时预览幻灯片效果。按住Ctrl键，在【幻灯片放映】选项卡的【开始放映幻灯片】组中单击【从当前幻灯片开始】按钮即可实现该效果。

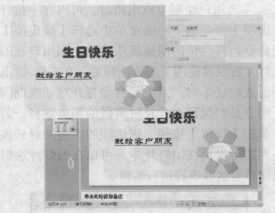

10.7.2 使用排练计时功能

当完成演示文稿制作后，可以运用PowerPoint 2007的排练计时功能来排练整个演示文稿放映的时间。在排练计时的过程中，演讲者可以确切了解每一页幻灯片需要讲解的时间，以及整个演示文稿的总放映时间。

【例10-10】使用排练计时功能排练"生日贺卡"演示文稿的放映时间。◎视频+◎素材

01 启动PowerPoint 2007应用程序，打开

"生日贺卡"演示文稿。

02 打开【幻灯片放映】选项卡，在【设置】组中单击【排练计时】按钮，演示文稿将自动切换到幻灯片放映状态，此时演示文稿左上角将显示【预演】对话框。

03 整个演示文稿放映完成后，将打开Microsoft Office PowerPoint对话框，该对话框显示幻灯片播放的总时间，并询问用户是否保留该排练时间，单击【是】按钮。

04 此时演示文稿将切换到幻灯片浏览视图，从幻灯片浏览视图中可以看到每张幻灯片下方均显示各自的排练时间。

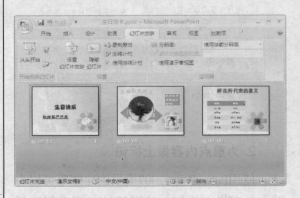

10.7.3 开始放映幻灯片

完成放映前的准备工作后就可以开始放映幻灯片了。常用的放映方法为从头开

映和从当前幻灯片开始放映。

🔹 从头开始放映：按下F5键，或者在【幻灯片放映】选项卡的【开始放映幻灯片】组中单击【从头开始】按钮。

🔹 从当前幻灯片开始放映：在状态栏的幻灯片视图切换按钮区域中单击【幻灯片放映】按钮，或者在【幻灯片放映】选项卡的【开始放映幻灯片】组中单击【从当前幻灯片开始】按钮。

10.7.4 放映过程中的控制

在放映过程中，用户可以根据需要按放映次序依次放映、为重点内容做上标记等。

1. 按放映次序依次放映

如果需要按放映次序依次放映，则可以进行如下操作：

🔹 单击鼠标左键。

🔹 在放映屏幕的左下角单击➡按钮。

🔹 在放映屏幕的左下角单击▤按钮，在弹出的菜单中选择【下一张】命令。

🔹 单击鼠标右键，在弹出的快捷菜单中选择【下一张】命令。

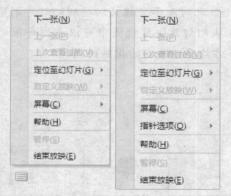

2. 为重点内容做上标记

使用PowerPoint 2007提供的绘图笔可以为重点内容做上标记。绘图笔的作用类似于板笔，常用于强调或添加注释。用户可以选择绘制笔的形状和颜色，也可以随时擦除绘

在幻灯片放映时，右击鼠标，在弹出的快捷菜单中选择【指针选项】命令。在该命令的下一级菜单中，用户可以选择鼠标指针的形式，如箭头、圆珠笔、毡尖笔及荧光笔等。然后将鼠标移至【墨迹颜色】命令，将打开【主题颜色】面板，在该面板中可以选择笔的颜色，此时在幻灯片中鼠标变为一个小圆点，在需要绘制重点的地方拖动鼠标即可标注。

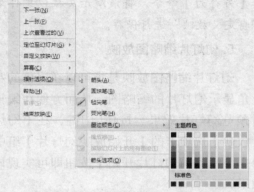

当用户绘制重点出错时，可以在【指针选项】命令的下一级菜单中选择【橡皮擦】命令，将绘错的墨迹逐项擦除。当用户在幻灯片放映时使用了墨迹注释后，在按Esc键退出放映状态时，系统将自动打开对话框询问用户是否保留在放映时所做的墨迹注释。若单击【保留】按钮，则添加的墨迹注释转换为图形保留在幻灯片中，可以在幻灯片编辑窗口对这些墨迹进行编辑。

◆ 专家指点 ◆

当最后一张幻灯片放映结束后，系统会在屏幕的正上方提示"放映结束，单击鼠标退出"，此时直接单击鼠标左键，或按Esc键、按Ctrl+Pause Break组合键、按【-】键，即可结束放映幻灯片，返回幻灯片编辑窗口。

10.8 打包演示文稿

PowerPoint 2007中提供了打包成文件或CD功能，在有刻录光驱的电脑上可以方便地将制作的演示文稿及其链接的各种媒体文件一次性打包成文件或者打包到CD上，轻松实现演示文稿的分发或转移到其他电脑中进行演示。

单击Office按钮，在弹出的菜单中选择【发布】|【CD数据包】命令，打开【打包成CD】对话框。

在该对话框各选项的含义如下：

🔹 【将CD命名为】文本框：该文本框用于输入CD的名称。

🔹 【添加文件】按钮：单击该按钮，可将电脑中的其他幻灯片一起打包成一张CD。

🔹 【选项】按钮：单击该按钮，可以为文件设置密码。

🔹 【复制到文件夹】按钮：单击该按钮，可以将打包的内容复制到文件夹。

🔹 【复制到CD】按钮：单击该按钮，可以将打包的内容刻录到CD中。

【例10-11】将创建完成的"生日贺卡"演示文稿打包成文件。📹视频+📂素材

01 启动PowerPoint 2007应用程序，打开【例10-10】创建的"生日贺卡"演示文稿。

02 单击Office按钮，在弹出的菜单中选择【发布】|【CD数据包】命令，打开【打包成CD】对话框。

03 在【将CD命名为】文本框中输入文件的名称"生日祝福"，然后单击【添加文件】按钮。

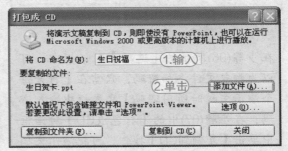

04 打开【添加文件】对话框，在文件列表中选择其他需要一起打包的文件，然后单击【添加】按钮。

05 返回【打包成CD】对话框，显示添加的演示文稿，然后单击【选项】按钮。

06 打开【选项】对话框，保持该对话框中的默认设置，单击【确定】按钮。

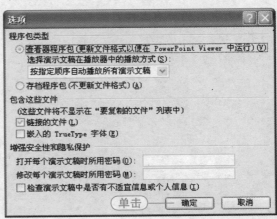

07 返回到【打包成CD】对话框，单击【复制到文件夹】按钮，打开【复制到文件夹】对话框，在【位置】文本框中设置打包

文件的存放路径，然后单击【确定】按钮。

○ **专家指点** ○

在步骤(06)所示的【选项】对话框中，可以为打包文件添加密码，只需在【打开每个演示文稿时所用密码】文本框中输入密码；在步骤(07)中的【打包成CD】对话框中单击【复制到CD】按钮，可把演示文稿打包到CD中。

○ **专家指点** ○

在打包后的文件夹窗口中，双击其中的PPTVIEW.EXE文件，打开Microsoft Office PowerPoint Viewer对话框，选择要放映的演示文稿后，单击【打开】按钮，即可放映该演示文稿。

08 此时打开提示框，单击【是】按钮，PowerPoint将自动开始将文件打包。

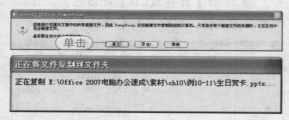

09 打包完毕后，返回到【打包成CD】对话框，单击【关闭】按钮即可。然后在打包路径中双击保存的文件夹"生日祝福"，将显示打包后的所有文件。

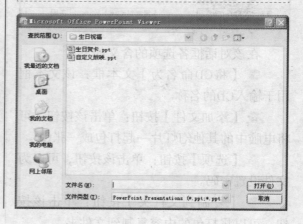

Chapter

11

Outlook 2007办公信息管理

Outlook 2007是Office 2007组件中用于信息管理的工具。Outlook 2007不但可以发送和接收电子邮件，还可以处理很多日常事务。通过Outlook提供的联系人、日历和任务等功能，可以方便地记录联系人相关信息、制订约会或会议要求、安排任务等，极大地提高工作效率。

■ 管理电子邮件
■ 管理联系人
■ 管理日常事务

参见随书光盘

11.1 管理电子邮件

电子邮件是一种通过Internet来传送信息的现代通信方式，也是目前最流行的网络信息传递工具之一，Outlook 2007的主要功能是实现电子邮件的收发和管理，本节将对其进行详细介绍。

11.1.1 添加电子邮件帐户

在发送和接收电子邮件之前，必须先设置一个与申请的电子邮箱相同的电子邮件帐户，也就是说必须建立一个电脑与Internet的链接，才能发送和接收电子邮件。

【例11-1】启动Outlook 2007，添加一个电子邮件帐户。◆视频

01 选择【开始】|【所有程序】| Microsoft Office | Microsoft Office Outlook 2007命令，启动Outlook 2007，同时打开【Outlook 2007启动】向导对话框，然后单击【下一步】按钮。

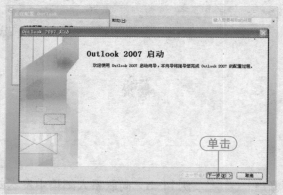

02 打开【帐户配置】对话框，保持默认设置，单击【下一步】按钮。

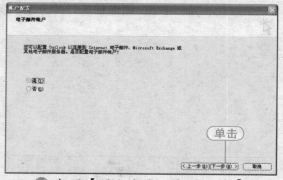

03 打开【添加新电子邮件帐户】对话

框，保持默认设置，单击【下一步】按钮。

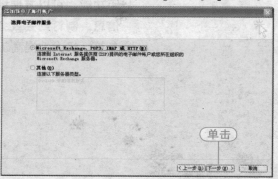

04 在【您的姓名】文本框中输入cxz，在【电子邮件地址】文本框中输入申请的电子邮件地址cxz506088208@qq.com，在【密码】和【重新键入密码】文本框中输入电子邮件对应的密码，然后单击【下一步】按钮。

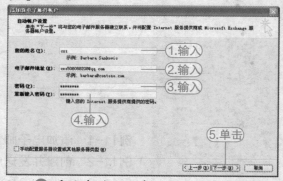

05 系统自动以加密的形式对服务器进行配置。

06 配置成功后，显示电子邮件帐户配置成功，单击【完成】按钮，完成帐户的添加操作。

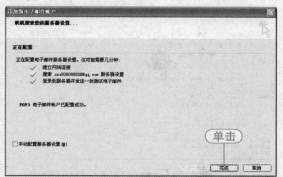

如果以非加密形式设置服务器不成功，就可以选中对话框左下方的【手动配置服务器设置】复选框，然后在打开的【添加新电子邮件帐户】对话框中进行设置。在填写服务器信息时，如果邮箱为cxz506088208@qq.com，那么在【接收邮件服务器】文本框中输入POP3.qq.com，在【发送邮件服务器】文本框中输入SMTP.qq.com。设置完毕后，单击【测试帐户设置】按钮，对该帐户进行测试。

11.1.2 创建和发送电子邮件

创建完电子邮件帐户后，就可以使用Outlook 2007创建并发送电子邮件了。

【例11-2】使用Outlook 2007给朋友发送一封有关于聚会的电子邮件。◎视频+◎素材

01 选择【开始】|【所有程序】| Microsoft Office | Microsoft Office Outlook 2007 命令，启动Outlook 2007。

02 选择【文件】|【新建】|【邮件】命令，打开【未命名-邮件】窗口。

03 在【收件人】文本框中输入收件人邮箱地址；在【主题】文本框中输入邮件的标题；在【正文】编辑区中输入邮件内容。

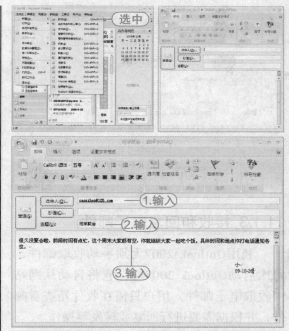

04 打开【插入】选项卡，在【添加】组中，单击【附加文件】按钮。

05 打开【插入文件】对话框，选择美食图片，单击【插入】按钮。

06 返回至邮件窗口，【附件】栏中显示图片的名称和大小，单击【发送】按钮，即可发送邮件。

在工具栏中单击【新建】按钮，从弹出的菜单中选择【邮件】命令，打开邮件编辑窗口。

11.1.3 接收和回复电子邮件

利用Outlook 2007无须手动收取邮件，每次启动Outlook 2007时，它将自动从网站中收取电子邮件，用户只需在收件箱查看邮件，并根据需要进行回复或转发等操作。

【例11-3】使用Outlook 2007接收和查看新邮件，然后使用回复功能回复发件人。（●视频+●素材）

01 启动Outlook 2007应用程序后，状态栏中显示新邮件的接收状态，并在桌面右下侧打开邮件对话框，显示新邮件标题和内容。

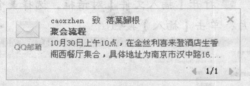

02 在【收件箱】窗格中显示新邮件，并显示未读标记，单击该"聚会流程"邮件，在【待办事项栏】窗格中单击【关闭】按钮，即可查看邮件的具体内容。

03 单击工具栏上的【答复】按钮，打开邮件答复窗口，在【正文】编辑区中输入回复的文本，然后单击【发送】按钮。

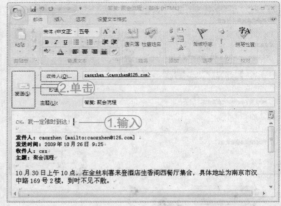

04 发送完毕后，将在邮件阅读窗格中显示答复时间。

◆ 专家指点 ◆

在工具栏中单击【转发】按钮，打开邮件转发窗口，在【收件人】文本框中输入多个联系人邮箱地址，然后单击【发送】按钮，即可转发邮件。

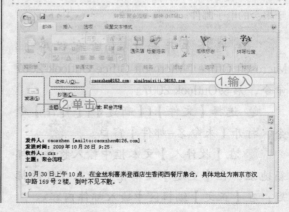

另外，由于Outlook 2007默认状态下将对收取和已发送的邮件进行自动保存，从而占用电脑大量的资源。为了更好地管理电子邮件，可根据需要删除不必要的邮件，其方法很简单，进入收件箱或已发送邮件箱中，选择要删除的邮件，单击工具栏中的【删除】按钮×即可。

11.2　管理联系人

Outlook 2007提供了联系人功能，可以方便用户对联系人的管理，如记录同事、朋友和亲人的相关信息，从而便于向联系人发送电子邮件或管理电话簿等操作。

11.2.1　创建联系人

为了便于用户管理邮件的联系人，首先需要使用联系人功能创建联系人。

【例11-4】使用Outlook 2007创建联系人"庄春华"和"沙小芳"。◇视频+◇素材

01　启动Outlook 2007应用程序，选择【文件】|【新建】|【联系人】命令，打开【未命名-联系人】窗口。

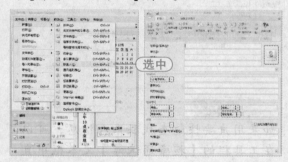

02　在打开的窗口中输入联系人信息，然后单击【添加联系人图片】按钮。

03　在打开的【添加联系人图片】对话框中，选择一张图片，然后单击【确定】按钮。

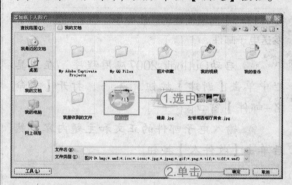

04　此时在联系人窗口中显示添加的联系人图片，然后在【联系人】选项卡的【动作】组中单击【保存并关闭】按钮。

05　使用同样的方法，添加另一联系人"沙小芳"。

06　返回邮件窗口，在导航窗格中单击【联系人】标签，打开【联系人】窗格，在其中将显示添加的联系人。

11.2.2 使用联系人

创建了联系人后，使用联系人功能发送邮件就十分方便了，只需找到地址簿中的联系人，选择其电子邮件地址即可。

【例11-5】向刚创建的"庄春华"联系人的邮箱中发送电子邮件。

01 启动Outlook 2007应用程序，在工具栏中单击【新建】按钮，打开【未命名-邮件】窗口。

02 输入电子邮件的正文和主题内容，然后单击【收件人】按钮。

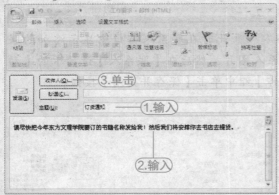

03 打开【选择姓名：联系人】对话框，在联系人列表框中选择【庄春华】联系人，单击【收件人】按钮，将该联系人的电子邮

件添加到右侧的文本框中，然后单击【确定】按钮。

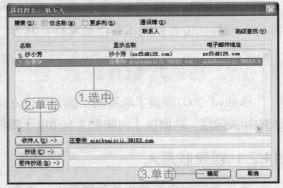

04 此时联系人邮箱地址将添加到邮件中，单击【发送】按钮，发送该邮件。

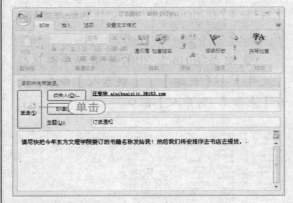

● 专家指点 ●

如果用户要快速查找联系人信息，可以在工具栏的【搜索通讯簿】文本框中直接输入要查找的联系人信息，然后按Enter键；如果用户要删除某个联系人的条目，只需在【联系人】窗格中右击该联系人条目，从弹出的快捷菜单中选择【删除】命令即可。

11.3 管理日常事务

在工作中需要对每天的日程进行安排，这时就可以使用Outlook 2007提供的个人事务管理功能，对会议、约会及任务等日常事务进行有序的管理。

11.3.1 使用日历并设置提醒

使用Outlook 2007提供的日历功能，不

仅可以创建会议，提醒其他参加会议人员在某一时间需要做某件事情，而且可以创建约会，提醒自己在某一时间需要做某件事情，

从而更合理地安排约会和会议等重要事宜。

【例11-6】在Outlook 2007中使用日历功能创建约会和会议提醒。素材

01 启动Outlook 2007应用程序，选择【文件】|【新建】|【约会】命令，打开【未命名-约会】窗口。

02 在【主题】文本框中输入约会的主题；在【地址】文本框中输入约会的地点；在【开始时间】和【结束时间】下拉列表中选择约会的开始时间和结束时间，在【正文】文本框中输入约会内容。

03 在【约会】选项卡的【选项】组中，单击【提醒】下拉按钮，从弹出的下拉菜单中选择【30分钟】选项，然后单击【保存并关闭】按钮。

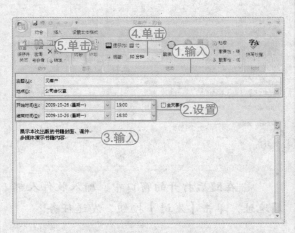

04 返回邮件窗口中，在导航窗格中单击【日历】标签，打开【日历】窗格，查看约会时间。

05 选择【文件】|【新建】|【会议要求】命令，打开【未命名-会议】窗口。

06 在【收件人】文本框中输入收件人的邮箱地址；在【主题】文本框中输入会议主题；在【地点】文本框中输入会议地点；在【开始时间】和【结束时间】下拉列表框中选项会议的开始时间和结束时间，在【正文】文本框中输入会议要求。

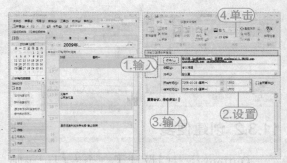

07 在【会议】选项卡的【选项】组中，单击【提醒】下拉按钮，从弹出的快捷菜单中选择【声音】命令，打开【提醒声音】对话框，可通过单击【浏览】按钮添加提示声音文件，这里保持默认设置，然后单击【确定】按钮。

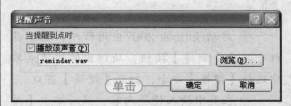

08 返回至会议窗口，单击【发送】按钮，发送邮件，并返回【日历】窗口，在其中显示会议提醒信息。

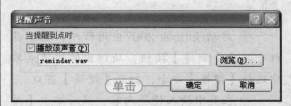

○ 注意事项 ○

当约会和会议设置完毕后，到设定的时间时，会分别打开【提醒】对话框并播放默认音乐，以提醒用户进行约会和会议作业。

11.3.2 创建便笺

Outlook还专门设计了一个专门记录临时信息的工具——便笺。它很像办公时用的"便笺纸"。此功能的应用非常简单，没有保存按钮，没有滚动条，只要双击就可以创建，关闭窗口就对便笺进行保存。

【例11-7】在Outlook 2007中使用便笺功能创建商务便笺。📁素材

01 启动Outlook 2007应用程序，在工具栏中单击【新建】按钮，从弹出的快捷菜单中选择【便笺】命令，打开【便笺】窗口。

02 在其中输入便笺内容，然后单击【关闭】按钮🅧。

03 返回至Outlook窗口，在导航窗格右下侧，单击【便笺】按钮，打开【便笺】窗格，显示刚创建的便笺。

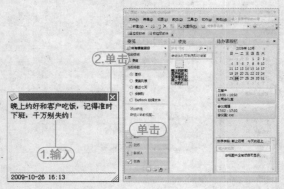

◖ 注意事项 ◗

在Outlook 2007中，还可以更改当前便笺的颜色，其方法很简单，在【便笺】窗格中右击便笺，从弹出的快捷菜单中选择【分类】命令，弹出其颜色类别子菜单，选择其中的颜色类别命令即可。

11.3.3 创建任务

通过Outlook 2007提供的任务功能，可以对自己的工作或学习任务进行安排，还可将任务分配给他人完成。

【例11-8】在Outlook 2007中创建任务，并发送给接受任务的人。📁素材

01 启动Outlook 2007应用程序，选择【文件】|【新建】|【任务】命令，打开【未命名-任务】窗格。

02 在其中输入任务的主题、开始时间、截止时间、主要内容等；在【优先级】下拉列表框中选项【高】选项；选中【提醒】复选框，并设置提醒时间，然后在【管理任务】组中单击【分配任务】按钮。

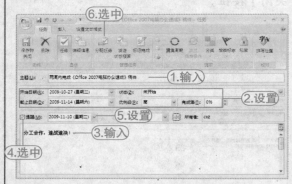

03 在随后打开的窗口中，输入收件人邮箱地址，单击【发送】按钮，发送任务。

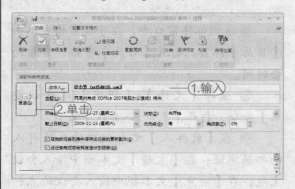

在Outlook 2007中安排自己的任务操作很简单，只需在任务制订完成后，在【动作】组中单击【保存并关闭】按钮即可。

Chapter
12
网络化电脑办公

在日常办公中，网络可以给用户带来很大的方便，如在局域网中可以共享资源，使用Internet可以下载办公资源、发送与接收电子邮件、与其他用户进行网上即时聊天等。另外，在使用网络时要注意杀毒防毒。本章将详细介绍使用网络让办公操作变得更加快捷和电脑病毒防护的方法。

■ 配置办公局域网
■ 使用局域网办公
■ 在Internet上办公
■ 下载办公资源
■ 收发电子邮件
■ 使用MSN聊天
■ 电脑病毒防护

 参见随书光盘

12.1 配置办公局域网

局域网，又称LAN（Local Area Network），是在一个局部的地理范围内，将多台电脑、外围设备互相连接起来组成的通信网络，其用途主要在于数据通信与资源共享。局域网与日常生活中所使用的互联网极其相似，只是范围缩小了而已。

12.1.1 办公局域网基础知识

在配置办公局域网之前，首先需要了解办公局域网的一些基础知识，如网络协议和局域网类型。

1. 网络协议

TCP/IP协议是Internet的基础协议，也是目前应用最广泛的通信协议之一，是用来维护、管理和调整局域网中电脑间的通信的一种通信协议。没有该协议，局域网就无法工作。

在TCP/IP协议中，IP地址是一个重要的概念。在局域网中，每台电脑都由一个独有的IP地址来唯一识别。一个IP地址含有32个二进制（Bit）位，被分为4段，每段8位（1Byte），如192.168.1.2。

2. 局域网类型

通常情况下，按通信介质将局域网分为有线局域网和无线局域网两种。

有线局域网是指通过网线或其他线缆将多台电脑相连成的局域网，但有线网络在某些场合要受到布线的限制，如布线、改线工程量大，线路容易损坏，网中的各节点不可移动等。

无线局域网是指采用无线传输媒体将多台电脑相连成的局域网。其中，无线媒体可以是无线电波、红外线或激光。无线局域网（Wireless LAN）技术可以非常便捷地以无线方式连接网络设备，用户之间可随时、随地、随意地访问网络资源，是现代数据通信系统发展的重要方向。无线局域网可以在不采用网络电缆线的情况下，提供网络互联功能。

12.1.2 配置局域网

了解局域网的基础知识后，就可以开始配置局域网。配置局域网分为连接局域网设备和设置局域网IP地址两个部分。

1. 连接局域网设备

将网线一端的水晶头插入电脑机箱后的网卡接口中，然后将网线另一端的水晶头插入集线器的接口中。接通集线器和电脑即可完成局域网设备的连接操作。

使用相同的方法为其他电脑连接网线，连接成功后，双击桌面上的【网上邻居】图标，打开【网上邻居】窗口，然后在左侧的任务窗格中单击【查看工作组计算机】链接，即可查看连入局域网中的电脑。

2. 设置局域网IP地址

连接好局域网设备后，还需要设置局域网IP地址，才能使电脑正常上网。

【例12-1】在一台局域网电脑中配置局域网IP地址。 视频

01 启动局域网电脑，选择【开始】|【控制面板】命令，打开【控制面板】窗口。

02 双击【网络连接】图标，打开【网

络连接】窗口，右击【本地连接】图标，从弹出的快捷菜单中选择【属性】命令，打开【本地连接属性】对话框。

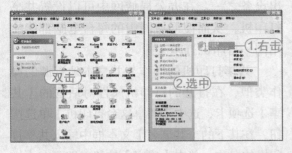

03 打开【常规】选项卡，在【此连接使用下列项目】列表框中选择【Internet协议(TCP/IP)】选项，然后单击【属性】按钮。

04 打开【Internet协议(TCP/IP)属性】对话框，选中【使用下面的IP地址】单选按钮，在【IP地址】文本框中输入4组数字序列组成的IP地址，系统自动在【子网掩码】文本框中填充地址；在【默认网关】文本框中输入局域网中的网关地址；在【使用下面的DNS服务器地址】区域中输入服务器地址，单击【确定】按钮，完成设置。

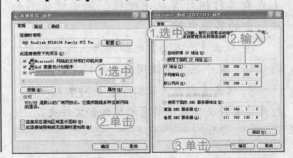

12.2 使用局域网办公

当用户的电脑接入局域网后，就可以设置共享办公资源，让局域网中其他电脑的用户方便地访问该共享资源。

12.2.1 共享本地资源

在局域网中共享的本地资源大多数是文件夹资源。共享了本地资源，局域网中的任意用户都可查看或使用该共享文件夹中的资源。

【例12-2】共享本地C盘中的【我的资料】文件夹。◎视频

01 打开【我的电脑】窗口，双击【本地磁盘(C:)】图标，打开C盘根目录窗口。

02 选择需要共享的【我的资料】文件夹，右击，从弹出的快捷菜单中选择【共享和安全】命令，打开【我的资料属性】对话框。

03 打开【共享】选项卡，在【网络共享和安全】选项区域中，选中【在网络上共享这个文件夹】和【允许网络用户更改我的文件】复选框，然后单击【确定】按钮。

04 完成文件夹的设置后，【我的资料】文件夹图标中增加了一个手掌标记，表示该文件夹已在局域网中共享。

12.2.2 访问局域网中的共享资源

在局域网中，用户可以方便地访问局域网中其他电脑上共享的文件或文件夹，获取

局域网内其他用户提供的各种资源。

【例12-3】访问局域网内名为cx的电脑【东大《轻松学》系列】文件夹，复制"东大样张"文档。◇视频

① 双击桌面上的【网上邻居】图标，打开【网上邻居】窗口。

② 单击窗口左侧【网络任务】窗格中的【查看工作组计算机】链接，显示连接到局域网中的其他电脑。

③ 双击【cx (Cx)】电脑图标，进入用户cx的电脑，其中显示了该用户共享的文件夹。

④ 双击【东大《轻松学》系列】文件夹，打开该文件夹，显示所有的文件和文件夹。

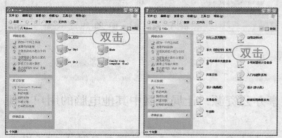

⑤ 选择"东大样张"文档，右击从弹出的快捷菜单中选择【复制】命令。

⑥ 双击【本地磁盘 (C:)】图标，进入C盘根目录窗口，在窗口空白处右击，从弹出的快捷菜单中选择【粘贴】命令，或者按下Ctrl+V快捷键，即可复制"东大样张"文档到本地电脑中。

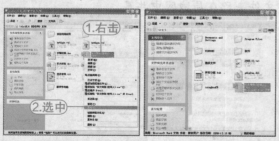

◎ 专家指点

打开【我的电脑】窗口，在【地址】栏中输入"\\用户电脑名"，如输入"\\cx"，即可快速访问局域网上cx用户的电脑。

12.2.3 网络打印机的共享设置

打印机是日常办公中使用频率最高的输出设备之一。在办公局域网中可以设置共享打印机，从而使局域网中的每台电脑都能使用同一打印机打印文件。

共享打印机的操作与共享本地资源的操作类似，在打开的打印机属性对话框的【共享】选项卡，选中【共享这台打印机】单选按钮，在其下的【共享名】文本框中输入共享打印机的名称，单击【确定】按钮，即可在【打印机和传真】窗口中显示共享的打印机。

共享打印机后，局域网中的其他电脑用户即可在本地电脑中添加共享打印机。

【例12-4】添加局域网中的共享打印机。◇视频

① 选择【开始】|【打印机和传真】命令，打开【打印机和传真】窗口。

② 在左侧的【打印机任务】列表中单击【添加打印机】链接，打开【添加打印机向导】对话框，然后单击【下一步】按钮。

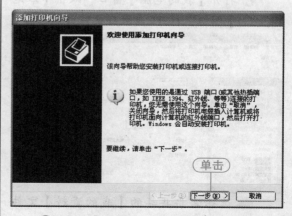

③ 选中【网络打印机或连接到其他计

算机的打印机】单选按钮，单击【下一步】按钮。

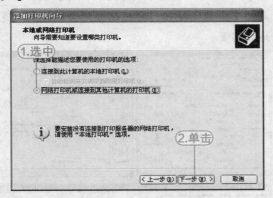

④ 选中【浏览打印机】单选按钮，然后单击【下一步】按钮。

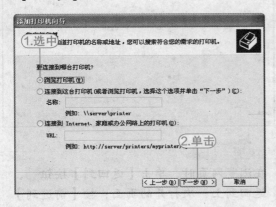

⑤ 在【共享打印机】列表框中选择打印机，然后单击【下一步】按钮。

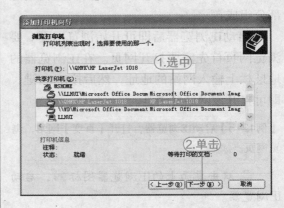

⑥ 完成安装后，在打开的对话框中将显示添加打印机成功的相关信息。

⑦ 单击【完成】按钮，完成添加打印机操作。稍后，已安装好的打印机图标将会出现在【打印机和传真】窗口中。

12.3　在Internet上办公

要浏览网络办公信息资源，就需要使用IE浏览器，IE（Internet Explorer）是访问Internet必不可少的一种工具。使用它可以快速地浏览网页和搜索网络办公信息资源。

12.3.1　使用IE浏览办公信息资源

在Internet中，使用IE浏览器能够浏览网络中的各种办公信息。下面将介绍使用IE浏览器浏览办公信息资源的方法和技巧。

1. 使用IE浏览器

双击桌面上的IE浏览器图标，或者单击【开始】按钮，在【开始】菜单中的常用程序启动栏上选择Internet Explorer命令，启动IE浏览器，默认打开的网页为微软网页。

IE浏览器的界面由标题栏、工具栏、菜单栏、地址栏、状态栏以及网页浏览窗格等部分组成。

启动IE浏览器后即可开始浏览网页。要浏览网页首先需要打开网页。在IE浏览器的地址栏上输入网站的地址，然后按Enter键，即可打开该网站并浏览。

【例12-5】启动IE浏览器，打开【百度】网站，浏览网页。 ◎视频

① 双击桌面上的IE浏览器图标 ，启动IE浏览器。

② 在地址栏上输入要访问的网站地址"www.baidu.com"。

(专家指点)

在地址栏上输入"//"或"http://"加网址"www.baidu.com"，然后按Enter键，同样可以打开【百度】网站首页。

③ 单击地址栏右侧的【转到】按钮 ，或者直接按Enter键，打开【百度】网站首页，然后单击【更多】链接。

④ 打开百度产品大全网页，然后单击【地图】链接，打开百度地图搜索网页，单击右上角的【全屏】按钮，即可切换到全屏模式浏览地址网页。

(注意事项)

在浏览网页时，单击【返回到】按钮 ，返回到上一次打开的页面；按【前进到】按钮 可以返回到单击【返回到】按钮之前的网页中；按↓键会向网页的末尾滚动；按↑键则会向上滚动；按F11键可以全屏浏览网页，此时隐藏工具栏、菜单栏和标题栏等。

2. 停止和刷新网页

在使用IE浏览器浏览网页时，还可以对当前打开的网页进行停止和刷新操作。

在浏览网页时，如果发现某个网页打不开，或者某个网页存在危险内容时，可以单击工具栏上的【停止】按钮 ，停止打开该网页；如果发现打开的网页中出现信息不能完全显示的情况时，可以单击工具栏上的【刷新】按钮 ，重新打开该网页。

3. 收藏网页

对于经常要浏览的网页，可以将其添加到收藏夹中，以便以后快速地访问该网页。

【例12-6】将图片素材网页添加到收藏夹中。 ◎视频

　　⓵ 双击桌面上的IE浏览器图标 ，启动IE浏览器。

　　⓶ 在 地 址 栏 中 输 入 图 片 素 材 网 址 "http://www.jm52.com/sucai/index.html"，按下Enter键，打开网页。

　　⓷ 选择【收藏夹】|【添加到收藏夹】命令，打开【添加到收藏夹】对话框，保持默认设置，单击【添加】按钮，将该页面添加到收藏夹中。

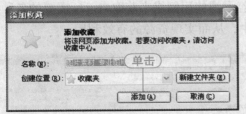

　　⓸ 在菜单栏中选择【收藏夹】命令，在弹出的下级菜单中将显示添加的网页，选择该网页命令，IE将自动打开该网页。

4. 保存网页信息

在浏览网页时，若遇到有用的办公信息，可以将其保存到电脑中，供以后参考和使用。

要保存网页中的文字内容，可以在网页中选择文字后，按Ctrl+C快捷键复制内容，然后在本地电脑中打开剪贴板，按Ctrl+V快捷键粘贴内容。

要保存网页中的图片，可以在网页中的图片上右击，从弹出的快捷菜单中选择【图片另存为】命令，打开【保存图片】对话框，选择保存路径后，单击【保存】按钮，即可将图片保存到指定的文件夹中。

5. 脱机浏览网页

如果用户是拨号上网或按上网时间付费，一旦网页中要浏览的内容很多，需要花费大量的时间和费用，这时可以使用IE的脱机浏览功能浏览网页。其操作很简单，打开要浏览的网页后，选择【文件】|【脱机工作】命令，即可断开网络连接进行浏览，此时在标题栏上将显示"脱机工作"文字。

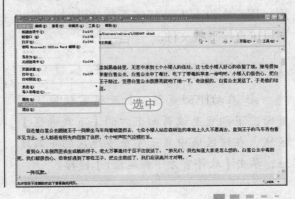

12.3.2 搜索办公资源

用户使用网站提供的搜索引擎，可以方便、快捷地在Internet上查找到所需办公信息。

搜索引擎是一个能够对Internet中资源进行搜索整理以供用户查询的网站系统，它可以在一个简单的网站页面中帮助用户实现对网页、网站、图像和音乐等众多资源的搜索和定位。目前Internet上搜索引擎众多，最常用的搜索引擎有谷歌、百度、雅虎等。

【例12-5】使用谷歌搜索引擎，搜索"最新迅雷软件"信息。◎视频

⓵ 双击桌面上的IE浏览器图标 ，启动IE浏览器。

⓶ 在地址栏中输入"http://www.google.cn/"，按下Enter键，即可进入Google搜索引擎。

⓷ 在该搜索引擎中间的文本框内输入关键词"最新迅雷软件"，然后单击【Google搜索】按钮，即可搜索到与关键词有关的网页。

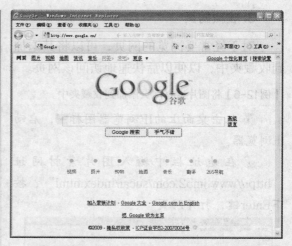

⓸ 单击第一个网页链接，即可打开迅雷软件下载页面，在该网页中用户可以查看软件的详细信息和下载专区。

12.4 下载办公资源

随着网络时代的高速发展，越来越多的用户已经习惯使用网络来获取自己所需要的各种办公资源，如图像、软件等，并将其下载到本地电脑中，从而实现资源的有效利用。

12.4.1 使用IE浏览器下载

IE浏览器已经提供了文件下载的功能，直接使用浏览器下载网页会非常方便、实用。用户在没有安装任何下载软件时，可以通过IE直接下载文件。

【例12-8】使用IE下载迅雷安装文件。◎视频

⓵ 启动IE浏览器，打开迅雷软件下载页面，下翻直至该页面下方的【下载专区】区域，在该区域中显示了很多地区的下载地址，单击【软件官方下载地址1】链接。

⓶ 打开【文件下载-安全警告】对话框，

然后单击【保存】按钮。

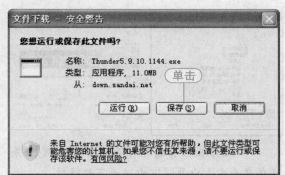

❸ 打开【另存为】对话框，选择保存位置，然后单击【保存】按钮，打开【下载进度条】对话框。该对话框中提示了估计剩余时间、下载位置和传输速率等信息。

❹ 当文件下载完毕，发出"咚"一声，并弹出【下载完毕】对话框，然后单击【打开文件夹】按钮。

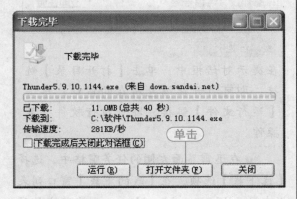

专家指点

在【下载进度条】对话框中，选中【下载完成后关闭此对话框】复选框，当文件下载完毕后，只发出"咚"提示声，提示用户下载完毕，而不弹出【下载完毕】对话框。

❺ 此时自动打开下载文件所在文件夹，

然后双击下载后的文件进行软件的安装操作。

12.4.2 使用迅雷下载

由于Internet上用户众多，往往造成网络拥挤不堪，传输速度相应也变得很慢。不少用户使用IE下载文件，面对下载过程中意外中断造成下载任务的前功尽弃，真是欲哭无泪！目前，迅雷5是解决这个问题的优秀下载工具之一，它是针对网络线路差、宽带低、速度慢等特点而编写的。

利用快捷菜单快速使用迅雷下载文件的方法很简单，在网页中，当右击需要下载文件的超链接时，会发现快捷菜单中增加了【使用迅雷下载】和【使用迅雷下载全部链接】两个命令，用户只需要选择其中的一个命令来执行下载操作。

【例12-9】使用迅雷下载MSN软件。

❶ 启动IE浏览器，在地址栏中输入"http://www.skycn.com/soft/16443.html"，打

开Windows Live Messenger软件下载页面。

02 在【下载地址】区域中，单击【迅雷用户专用下载】链接，或者右击其他下载点区域中下载地址，从弹出的快捷菜单中选择【使用迅雷下载】命令。

03 此时系统自动打开【建立新的下载任务】对话框，单击【浏览】按钮，打开【浏览文件夹】对话框。

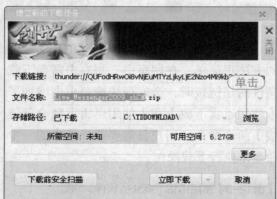

04 设置存储路径，单击【确定】按钮，返回至【建立新的下载任务】对话框，单击【立

即下载】按钮，即可开始下载所需的文件。

05 此时在任务窗格中显示下载进度，并且在桌面右上角悬浮窗中显示下载进度。

06 下载完成后，自动打开提示对话框，提示用户下载完毕。

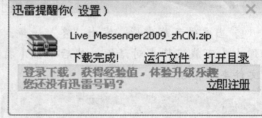

◯ **专家指点** ◯

在提示对话框中，单击【打开目录】链接，即可打开压缩包所在的窗口；单击【运行文件】链接，即可执行软件安装操作。

07 在迅雷界面左侧的任务窗格中，选择【已下载】选项，在【我的下载】窗口列表框中显示Windows Live Messenger安装文件的压缩包，同时显示文件大小、类型；选中该压缩包，在其下的窗口中显示保存路径和下载来源等信息。

08 单击【打开】按钮，即可启动WinRAR，对下载的内容进行解压操作，双击窗口的应用程序选项，即可执行Windows Live

Messenger的安装操作。

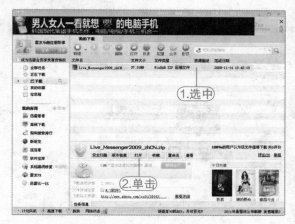

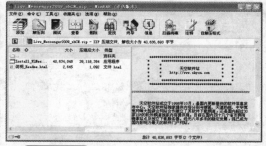

●专家指点●

右击下载完成的项，在弹出的快捷菜单中选择【打开文件】、【打开文件夹】和【移动到】命令，可打开文件或移动下载文件。

12.5 收发电子邮件

如今，收发电子邮件已成为人们日常办公中传递信息的重要通信方式。使用电子邮件可以快速地将信件传送给收件人，从而极大地提高办公效率。

12.5.1 认识电子邮件

电子邮件又称 E-mail，是英文 Electronic mail的简写，它是指通过电子通讯系统进行书写、发送和接收的信件，也可以说是利用网络进行信息传输的一种现代化的通信方式。

与传统的邮政信件相比，电子邮件具有如下特点：

● 速度迅速：电子邮件发送和接收仅需要短短几秒钟。

● 使用方便：电子邮件是通过Internet进行传送的，收发邮件没有时间和地点的限制。

● 投递准确：无论其内容多少、距离多远，只要邮件地址正确，即可投递。

● 内容丰富：电子邮件不仅可传送文本文件，还能传送图片、声音、视频等文件。

每个电子邮件都有唯一的邮箱地址，其格式为：user@mail.sever.name。其中user是用户账号；@（发音为at）用于连接地址的前后两个部分，是邮箱地址的专用标识符；mail.sever.name是电子邮箱服务器的域名。

12.5.2 申请免费电子邮件

在Internet中，如果用户要收发电子邮件，首先需要在提供电子邮箱服务的网站中申请一个电子邮箱。

现在很多网站都提供电子邮件服务，其中分为免费和收费邮箱两种，用户可以根据实际需求，申请属于自己的邮箱。常用的免费邮箱有新浪邮箱（mail.sina.com.cn）、Hotmail免费邮箱（www.hotmail.com）、163网易免费邮箱（mail.163.com）等。不同网站的电子邮箱申请流程基本相同，下面以在163网易免费邮页面中申请免费邮箱为例，介绍申请邮箱的方法。

【例12-10】申请163网易免费邮箱。◆视频

01 启动IE浏览器，在地址栏中输入网址"mail.163.com"，按下Enter键，打开【163网易免费邮】页面。

02 在该页面中单击【马上注册】链接，或者直接单击【注册】按钮，打开注册页面。

03 输入注册信息，然后单击【创建帐号】按钮。

注意事项

在申请成功页面中，单击【用户服务完全手册】链接，打开相应的页面，查看完全手册。

04 系统自动打开申请成功页面，显示申请后的邮箱地址，单击【进入3G免费邮箱】按钮。

05 此时即可进入163网易免费邮页面。

12.5.3 接收电子邮件

成功申请电子邮箱后，用户就可以使用电子邮箱接收并查看电子邮件。

【例12-11】接收并阅读电子邮件。视频

01 启动IE浏览器，在地址栏中输入网址"mail.163.com"，按下Enter键，打开【163网易免费邮】页面。

02 在【用户名】和【密码】文本框中输入用户名和密码，然后单击【登录】按钮。

03 首次登录电子邮箱后，邮件中心会发送一封欢迎信，在页面中左侧的窗格中单击【收件箱】链接，或者直接打开【收信】按钮，打开收件箱列表。

04 在【今天】列表中单击邮件主题，打

开信件页面,进行邮件的阅读。

12.5.4 撰写和发送电子邮件

通常情况下,用户可以使用电子邮箱撰写信件,然后发送电子邮件,与亲朋好友进行交流和联系。

【例12-12】撰写并发送电子邮件。 视频

① 启动IE浏览器,在地址栏中输入网址"mail.163.com",按下Enter键,打开【163网易免费邮】页面。

② 在【用户名】和【密码】文本框中输入用户名和密码,然后单击【登录】按钮。

③ 登录【易网电子邮箱】页面后,单击【写信】按钮,打开撰写邮件页面。

④ 在【收件人】文本框中输入收件人的邮箱地址;在【主题】文本框中输入邮件主题,收件人收到邮件时可以在收件箱中看到该主题,便于预览;在正文区中输入邮件正文。

⑤ 通过【添加附件】功能可以在邮件中插入附件。单击【添加附件】链接,然后单击【浏览】按钮,打开【选择文件】对话框,从中选中附件【我只在乎你.mp3】,单击【打开】按钮。

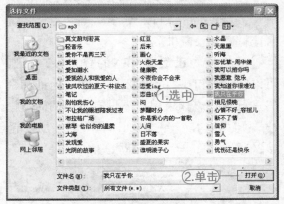

⑥ 此时该附件成功地被添加到邮件中,单击【发送】按钮,开始发送邮件。

⑦ 邮件发送完毕后,系统自动打开【邮

件发送成功】页面，提示邮件发送完毕。

> **注意事项**
>
> 单击【继续写信】按钮，再次打开撰写邮件页面，继续写信；单击【返回收件箱】按钮，可以打开收件箱列表，查看收到的邮件；单击【添加到通讯簿】链接，即可将好友的邮箱地址添加到通讯簿中；单击【保存该邮件】按钮，即可将所发送的邮件保存在【已发送】列表中。

12.6 使用Windows Live Messenger聊天

Windows Live Messenger是MSN聊天软件的最新版本，使用该软件可以在网上与其他用户进行文字聊天、语音对话、视频会议等即时交流，让办公人员可以在不同地点快捷、便利地交流。

12.6.1 创建新帐户

安装Windows Live Messenger之后，系统直接打开登录窗口。

如果用户已经有MSN的登录帐户，则可以在该窗口中直接输入电子邮件地址和密码进行登录。如果用户还没有可用的MSN帐户，则可以在登录窗口中单击【注册】链接，通过网页申请一个新帐户。

03 在该页面中的【使用您的电子邮件地址】文本框中填写之前注册的网易邮箱地址，并设置密码和其他用户信息，输入验证码之后，单击【接受】按钮。

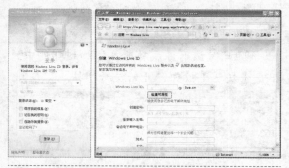

【例12-13】创建一个新帐户。视频

01 双击桌面上的Windows Live Messenger图标，打开登录窗口。

02 单击【注册】链接，打开【注册】页面，单击【或使用您自己的电子邮件地址】链接，打开使用邮件地址注册帐户页面。

04 系统将向所填写的注册邮箱中发送一份注册确认信，这时，需要在注册的邮箱中打开这封确认信。

05 找到确认信中提供的链接地址，将该地址全部选中后按下Ctrl+C快捷键复制。

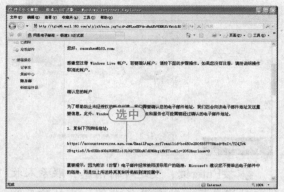

06 选择IE地址栏按下Ctrl+V快捷键粘贴链接，然后按下Enter键跳转到一个登录页面，在该页面中填写您的邮箱地址和密码后，单击【登录】按钮。

07 此时跳转到一个提示页面，提示您的电子邮件地址验证成功，单击【确定】按钮，即可打开信息查看页面，在该页面还可以修改信息。

12.6.2 登录并添加联系人

使用Windows Live Messenger进行网上聊天之前，用户应该登录并添加相应的联系人。

【例12-14】登录MSN并添加联系人。◎视频

01 双击桌面上的Windows Live Messenger图标，打开登录窗口。

02 在帐户和密码文本框中分别输入注册的帐户地址和密码，单击【登录】按钮，开始登录。

03 登录完成后，将打开登录主界面。单击【添加】按钮，从弹出的快捷菜单中选择【添加联系人】命令，打开【输入此人的信息】对话框。

04 在【即时消息地址】文本框中输入需要添加的联系人地址，如wangtong8382@hotmail.com，单击【组】下拉按钮，在弹出的下拉列表中选择【常用联系人】选项，然后单击【下一步】按钮。

05 打开发送邀请对话框，在【显示您的个人消息】文本框中输入邀请信息，然后单击【发送邀请】按钮。

06 此时在对话框中显示正在添加联系人的进度。

07 添加成功后，在打开的对话框中显示成功添加信息，单击【关闭】按钮。

08 此时，在Windows Live Messenger主界面中将显示添加的联系人。

12.6.3 与联系人洽谈

成功添加了联系人之后，当该联系人在线时，用户可以在Windows Live Messenger的界面中看到其头像为高亮显示，这时即可向其发送即时消息。

【例12-15】 使用Windows Live Messenger向在线联系人发送即时消息，与联系人进行信息交流。 📹视频

01 在Windows Live Messenger主界面中，双击在线的联系人，打开与该联系人的聊天窗口，在下方的文本框中输入聊天内容。

02 按Enter键，发送即时消息，联系人收到即时消息后，就会进行回复。此时聊天窗口中显示"联系人正在输入"信息。

03 待联系人输入完毕后，将在聊天窗口中显示联系人回复信息。

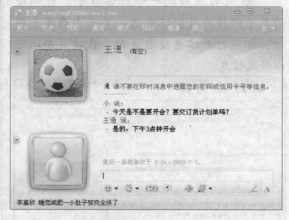

12.7 电脑病毒防护

电脑一旦感染上了病毒，将会导致系统无法正常运行，甚至会造成数据的丢失或损坏，因此在平时使用电脑过程中就要做好相应的病毒防护工作，尽量避免遭受病毒破坏。

12.7.1 电脑病毒防护技巧

在使用电脑的过程中，如果用户能够掌握一些预防电脑病毒的技巧，可以有效地降低电脑感染病毒的几率。

🔹 尽量禁用可移动磁盘和光盘的自动运行功能，因为很多病毒会通过可移动存储设备进行传播。

🔹 尽量不要在一些不知名的网站上下载软件，很有可能病毒会随着软件一同下载到电脑上。

🔹 建议使用正版杀毒软件。

🔹 定期更新并升级补丁，因为据统计显示，80%的病毒是通过系统的安全漏洞进行传播的。

🔹 如果是游戏爱好者，尽量不要登录一些外挂类的网站，很有可能在你登录的过程中，病毒已经悄悄地侵入了你的电脑系统。

🔹 当病毒已经入侵电脑，应该及时将其清除，防止其进一步扩散。

🔹 设置共享文件密码，共享结束后应及时关闭。

🔹 对重要文件应习惯性地备份，以防遭遇病毒的破坏造成意外损失。

🔹 定期使用杀毒软件扫描电脑中的病毒，并及时升级杀毒软件。

12.7.2 使用卡巴斯基查杀病毒

卡巴斯基反病毒软件是一套全新的安全解决方案，可以保护电脑免受病毒、蠕虫、木马和其他恶意程序的危害。它将实时监控文件、网页、邮件、ICQ/MSN协议中的恶意对象，扫描操作系统和已安装程序的漏洞，阻止指向恶意网站的链接，强大的主动防御功能将阻止未知威胁。

1. 查杀病毒

为了防止电脑病毒的入侵，用户可在电脑中安装卡巴斯基以预防和查杀病毒。

【例12-16】使用卡巴斯基查杀病毒。◎视频

01 选择【开始】|【所有程序】|Kaspersky Internet Security 2009|Kaspersky Internet Security 2009命令，启动卡巴斯基反病毒软件。

02 单击左侧列表框中的扫描选项，然后在【扫描】区域中单击【完全扫描】按钮，可打开【完全扫描】界面。

03 在中间的列表框中可选中所需扫描的选项对应的复选框。

04 单击【添加新项目】链接，打开【选择要扫描的对象】对话框，可以选择要添加入列表中的扫描对象。

05 添加完成后，单击【开始扫描】按钮，软件即可开始扫描病毒。

06 当扫描到可疑程序时，系统会弹出消息提示用户，并作相应的处理。

2. 自动更新

卡巴斯基具有自动更新功能，使用该功能可以更新反恶意程序数据库，从而为个人数据提供强大的保护功能，抵御网络犯罪和在线身份窃取等网络威胁。

【例12-17】使用卡巴斯基自动更新功能。◇视频

01 选择【开始】|【所有程序】|Kaspersky Internet Security 2009|Kaspersky Internet Security 2009命令，启动卡巴斯基反病毒软件。

02 在界面左侧的窗格中，单击【更新】按钮，打开【更新】界面。

03 单击【自动更新】按钮，即可开始更新数据库，并显示更新进度和频率。

04 更新完成后，自动跳转到更新界面，将显示最新信息。

> **注意事项**
>
> 当用户开启自动更新功能后，卡巴斯基会自动更新数据库。当授权文件过期时，可以单击【许可】按钮，在打开的【许可】界面，单击【添加和删除】按钮，打开【授权许可文件管理】对话框，进行授权文件添加和删除操作。

12.7.3 使用360安全卫士

360安全卫士也是一款很不错的系统保护软件。相对于专门的杀毒软件而言，它的功能比较多，不仅可以查杀病毒，还可以查杀木马程序以及恶意软件，对电脑进行实时保护，甚至管理和升级系统中安装的软件和程序等。

1. 查杀木马

使用360安全卫士，可以查杀并防护电脑中的木马程序和恶评插件。

【例12-18】使用360安全卫士查杀木马。◇视频

01 启动360安全卫士，默认打开的是【常用】窗口，单击【查杀流行木马】选项卡，打开该选项卡窗口。

02 单击【快速扫描木马】链接，开始快速扫描电脑中的木马程序。

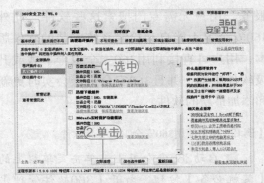

03 扫描完成后，显示木马程序，选中要删除的木马程序对应的复选框，单击【立即查杀】按钮，即可删除木马。

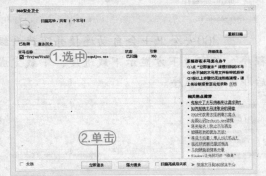

04 返回【常用】窗口，单击【清理恶评插件】选项卡，打开该选项卡窗口。

05 单击【开始扫描】按钮，开始扫描电脑中的恶评插件。

06 完成扫描后，在窗口左侧的【全部插件】列表框中显示扫描结果。单击【其它插件】选项，可以显示扫描到的插件。

07 选中要清理的插件对应的复选框，例如【百度工具栏】、【迅雷下载组件】等插件，然后单击【立即清理】按钮，即可清理插件。

2. 启动实时保护功能

360安全卫士有实时保护功能，从木马病毒的来源、执行权限、执行后的拦截等各个层次，全方位捍卫系统安全。

【例12-19】启动安全卫士实时保护功能。○视频

01 启动360安全卫士，单击【实时保护】按钮，打开【360实时保护】窗口。

02 单击所需启动的实时保护功能选项右侧的【开启】链接，即可启动该选项实时保护功能。

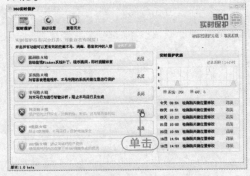

3. 下载和升级装机必备软件

360安全卫士提供了装机必备软件下载

服务，用户无需专门搜索这些软件。此外360安全卫士能自动检测系统安装的软件版本，用户可直接利用360安全卫士下载或升级软件版本，并且360安全卫士会实时更新和添加最新的软件。

【例12-20】使用360安全卫士更新软件。 ✅视频

01 启动360安全卫士，单击菜单栏上的【装机必备】按钮，打开【360软件管理】窗口。

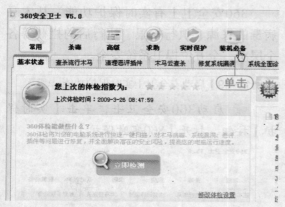

02 单击所需下载或升级的软件右侧的【下载】或【升级】按钮，例如升级暴风影音2009，单击该软件右侧的【升级】按钮。

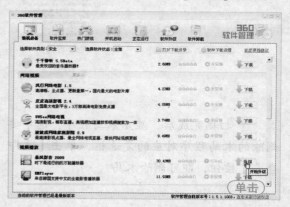

03 360安全卫士会自动连接并下载升级程序，在窗口下方显示下载进度，下载完成后即可安装程序。

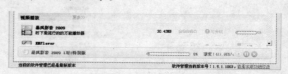

Chapter
13

综合办公实例应用

Office文档的应用十分广泛，它在办公领域中起到了传递信息和记录、管理数据等重要作用。本章主要通过综合应用各种功能制作商务化的Word文档、Excel数据表和PowerPoint演示文稿，帮助用户灵活运用Office 2007的各种功能，提高办公综合应用的能力。

■ 制作电话机使用说明书
■ 制作任务进度表
■ 制作自我介绍

参见随书光盘

例13-1　制作电话机使用说明书
例13-2　制作任务进度表工作簿
例13-3　制作自我介绍演示文稿

13.1 制作电话机使用说明书

本例通过制作电话机使用说明书，巩固设置页面大小、设置页眉和页脚、使用样式、插入图片和表格、插入目录、插入分页与分节符等知识。

【例13-1】在Word 2007中制作电话机使用说明书。◎视频+◎素材

01 启动Word 2007应用程序，系统自动新建一个名为"文档1"的文档，在快速访问工具栏上单击【保存】按钮，打开【另存为】对话框。

02 在【保存位置】下拉列表框中选择保存的位置，在【文件名】下拉列表框中输入文件名"电话机使用说明书"，单击【保存】按钮，文档将以"电话机使用说明书"为名保存。

03 打开【页面布局】选项卡，单击【页面设置】对话框启动器，打开【页面设置】对话框，切换至【页边距】选项卡，在【边距】选项区域的【上】和【下】微调框中分别输入2.7厘米，在【左】和【右】微调框中分别输入3.2厘米。

04 打开【纸张】选项卡，在【纸张大小】下拉列表框中选择B5选项。

05 打开【版式】选项卡，在【页眉和页

脚】选项区域中选中【奇偶页不同】和【首页不同】复选框，并将页眉和页脚与页边界的距离设置为2厘米，单击【确定】按钮，完成页面的设置。

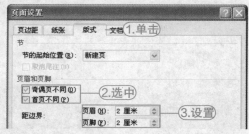

06 将插入点定位在首页，打开【插入】选项卡，在【页眉和页脚】组中单击【页眉】按钮，在弹出的菜单中选择【编辑页眉】命令，进入页眉和页脚编辑状态。

07 选中首页页眉上的段落标记符，打开【开始】选项卡，在【段落】组中单击【下框线】倒三角按钮，在弹出的菜单中选择【无框线】命令，取消页面上的横线。

⑧ 双击文档编辑区，退出页眉和页脚编辑状态。打开【插入】选项卡，在【页】组中单击【封面】按钮，在弹出的列表框中选择【现代型】样式，在首页插入封面样式。

⑨ 在首页按照提示说明输入标题、副标题等文本。至此，使用说明书封面制作完成。

⑩ 将插入点定位在第2页，打开【插入】选项卡，在【页眉和页脚】组中单击【页眉】按钮，在弹出的菜单中选择【编辑页眉】命令，进入页眉和页脚编辑状态，按编辑首页页眉时删除页眉中显示的横线方法，删除偶数页中页眉处的横线。

⑪ 打开【开始】选项卡，在【段落】组中单击【文本左对齐】按钮，将插入点左对齐，然后打开【插入】选项卡，在【插图】组中，单击【图片】按钮，打开【插入图片】对话框。

⑫ 在【查找范围】下拉列表中选择源文件位置，选择图片，单击【插入】按钮，插入图片，并调整图片的大小。

⑬ 将鼠标指针定位在所插入图片的后面，输入"南京市落叶电子有限公司"，选中所输入的文本，在浮动工具栏的【字体】

下拉列表框中选择【华文新魏】选项，在【字号】下拉列表框中选择【小四】选项，并且设置字体颜色为蓝色。

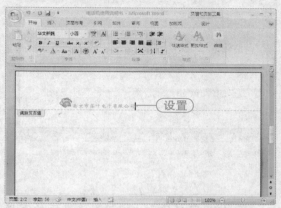

⑭ 在【插入】选项卡的【插图】组中单击【形状】按钮，在弹出的菜单的【线条】选项区域中单击【直线】按钮，在页眉位置绘制一条直线，并设置线条为橘色、粗线形。

⑮ 打开页眉和页脚工具的【设计】选项卡，在【导航】组中单击【转至页脚】按钮，切换到偶数的页脚编辑区。

⑯ 参照步骤13~14，在页脚处插入同样的直线形状，然后在页脚处输入文本，并设置文字字体为华文新魏，字号为小五，右对齐。

⑰ 打开页眉和页脚工具的【设计】选项卡，在【页眉和页脚】组中单击【页码】按钮，在弹出的菜单中选择【当前位置】|【强调条1】命令，插入页码。

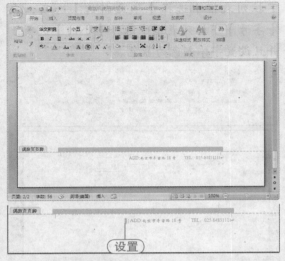

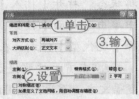

21 使用同样的方法，修改标题2样式，使其字体为黑体，并且居中、加粗显示。

22 在【样式】任务窗格中单击【新样式】按钮，打开【根据格式设置创建新样式】对话框，在【名称】文本框中输入"图"，在【样式基准】下拉列表框中选择【无样式】选项，单击【居中】按钮。

23 单击【格式】按钮，在弹出的菜单中选择【段落】命令，打开【段落】对话框的【缩进和间距】选项卡，在【间距】选项区域的【段前】和【段后】微调框中分别输入0.3行和0.2行，然后单击【确定】按钮，即可完成【图】样式的设置。

24 在第2页页首输入"目录"，将字体设置为黑体，字号为二号，居中对齐。

25 将插入点定位在下一行，打开【页面布局】选项卡，在【页面设置】组中单击【分隔符】按钮，在弹出的菜单的【分页符】选项区域中选择【分页符】命令，插入分页符，将第2页作为目录的页面。

26 在第3页页首输入并选中文本"第一章 电话机简介"，在【样式】任务窗格的列表框中选择【标题2】选项，应用样式，并且输入正文内容。

27 将插入点定位在第一章的末尾，打开【插入】选项卡，在【插图】组中单击【图

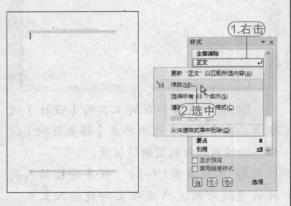

18 使用同样的方法，设置奇数页的页眉和页脚，并插入页码，然后在【设计】选项卡的【关闭】组中单击【关闭页眉和页脚】按钮，退出页眉和页脚编辑状态。

19 打开【开始】选项卡，在【样式】组中单击【样式对话框启动器】按钮，打开【样式】任务窗格，在【样式】列表框中选择【正文】选项，右击，在弹出的快捷菜单中选择【修改】命令，打开【修改样式】对话框。

20 单击【格式】按钮，在弹出的菜单中选择【段落】命令，打开【段落】对话框的【缩进和间距】选项卡，在【特殊格式】下拉列表框中选择【首行缩进】选项，并在【度量值】微调框中输入"2字符"，然后单击【确定】按钮。

片】按钮，打开【插入图片】对话框，选择
图片，单击【确定】按钮，将图片插入文
档，并应用【图】样式。

㉘ 继续输入第二章的文本，在输入
"一、…"后，按Enter键，Word自动在下一
行行首生成"二、"，此时，按Ctrl+Z组合
键(或在快速工具栏上单击【撤消】按钮
)，撤消该编号。

㉙ 继续输入文本，在输入第四章的文本
时，需要输入"①、②…"。此时，可以打
开【插入】选项卡，在【特殊符号】选项区
域中单击【符号】按钮，在弹出的菜单中选
择【更多】命令，打开【插入特殊符号】对
话框。

㉚ 打开【数字序号】选项卡，在列表框
中选择①选项，单击【确定】按钮，即可在文
档中插入符号①，继续输入其后内容。

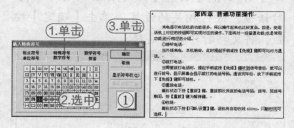

㉛ 继续输入文本，需要插入表格。将
鼠标指针定位在需要插入表格的位置，打开
【插入】选项卡，在【表格】选项区域中单
击【表格】按钮，在弹出的菜单中选择【插
入表格】命令，打开【插入表格】对话框。

㉜ 在【列数】和【行数】微调框中分别
输入3和6，单击【确定】按钮，即可在文档
中插入表格。

㉝ 选中B5：C5单元格区域，打开表格

工具的【布局】选项卡，在【合并】组中单
击【合并单元格】按钮，合并单元格区域。

㉞ 使用同样的方法合并B6：C6单元格
区域。

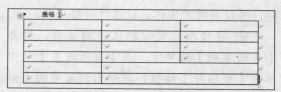

㉟ 在表格中输入文本，设置表格内文字的
字号为小五，表格标题字体为黑体。

㊱ 正文输入完毕后，将显示正文的整体
效果。

㊲ 正文制作完成后，需制作目录，此时
将插入点定位在目录页面，打开【引用】选
项卡，在【目录】组中单击【目录】按钮，
在弹出的菜单中选择【插入目录】命令，打

开【目录】对话框。

38 在【显示级别】微调框中输入2，单击【确定】按钮，目录插入到文档中。

39 按Shift+Ctrl+F9组合键，取消超级链接，并适当对其字体、段落进行格式化。

40 将插入点定位到文档的最后，打开【页面布局】选项卡，在【页面设置】组中单击【分隔符】按钮，在弹出的菜单的【分节符】选项区域中选择【下一页】选项，插入分节符。将插入点定位在下一页，显示与首页相同的页面，并且删除页面边框。

41 打开【页面布局】选项卡，在【页面背景】组中单击【页面边框】按钮，打开【边框和底纹】对话框。

42 打开【页面边框】选项卡，在【设置】选项区域中选择【方框】选项，在【艺术型】下拉列表框中选择一种艺术型，在【应用于】下拉列表框中选择【本节】选项，单击

【确定】按钮，为下一页设置边框。

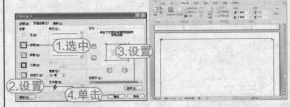

43 在下一页中输入文本内容，并设置文本字体为黑体，为空格加下划线。

44 完成文档的制作后，单击Office按钮，在弹出的菜单中选择【打印】|【打印预览】命令，预览文档的效果。

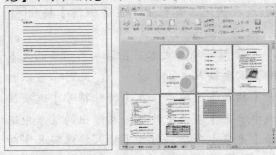

45 确认无误后，在【预览】组中单击【关闭打印预览】按钮，退出打印预览窗口。

46 单击Office按钮，在弹出的菜单中选择【打印】|【打印】命令，打开【打印】对话框，进行相关的设置，单击【确定】按钮，将文档打印装订成册。

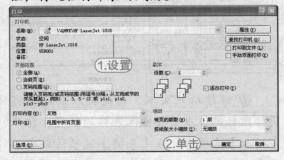

13.2 制作任务进度表

本例通过制作任务进度表工作簿，帮助用户巩固在工作表中使用图表反映表格中数据的方法，以及对创建好的表格进行编辑的方法，使其能够更加适合表格的需要。

【例13-2】在Excel 2007中制作任务进度表工作簿。

01 启动Excel 2007应用程序，将新建的工作簿命名为"任务进度表"，并重命名

Sheet1工作表为"任务时间分配表"、Sheet2工作表为"任务时间分配图表"。

02 在"任务时间分配表"工作表中输入数据。为了工作表美观，可以在左边空出A列。

03 在"任务时间分配表"工作表中输入"姓名"、"任务概述"、"开始时间"、"结束时间"与"已完成%"列标题下的数据。

04 在"任务时间分配表"工作表中选定G10单元格，然后在编辑栏中输入公式"=IF(F10="",0,(E10-D10+1) *F10)"，按Enter键即可计算出已经持续天数。

注意事项

"已经持续天数"公式的含义为：使用"结束时间"减去"开始时间"再加上1计算出一共所需天数，然后乘以"已完成%"计算出"已经持续天数"。

05 使用相对引用功能，快速统计出所有员工任务的已经持续天数。

06 在"任务时间分配表"工作表中，选定H10单元格，然后在其中输入公式"=E10-D10+1-G10"，按Enter键，即可计算出还需天数。

注意事项

"还需天数"公式的含义为：使用"结束时间"减去"开始时间"再加上1计算出一共所需天数，然后减去"已经持续天数"计算出"还需天数"。

07 在"任务时间分配表"工作表的H11:H22单元格区域中，相对引用H10单元格中的公式，统计所有员工任务的还需天数。

08 在"任务时间分配表"工作表中，选定B9:H22单元格区域，打开【开始】选项卡，在【样式】组中单击【套用表格格式】按钮，从弹出的快捷菜单中选择【表样式中等深浅9】样式，打开【套用表格式】对话框。

09 保持默认设置，单击【确定】按钮，即可设置单元格区域套用设定的表格格式。

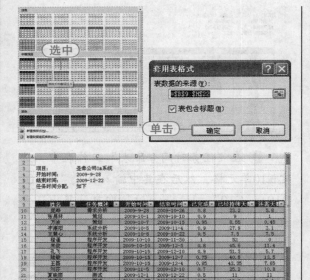

图】选项，在工作表中插入堆积柱形图图表。

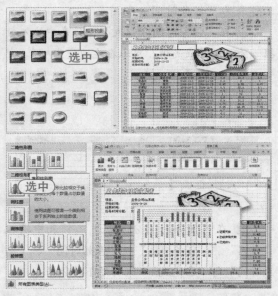

⑩ 将插入点定位在"任务时间分配表"工作表中的右上角的空白处，打开【插入】选项卡，在【插图】组中单击【剪贴画】按钮，打开【剪贴画】任务窗格。

⑪ 在【搜索文字】文本框中输入"日历"，单击【搜索】按钮，然后在其下的列表框中单击需要插入的剪贴画，将剪贴画插入到"任务时间分配表"工作表中。

⑫ 拖动鼠标调节图片的大小和位置。

⑬ 选定剪贴画，打开图片工具的【格式】选项卡，在【图片样式】组中单击【其他】按钮，在弹出的菜单中选择【矩形投影】选项，为剪贴画应用该样式。

⑭ 选定B9:H22单元格区域，打开【插入】选项卡，在【图表】组中单击【柱形图】按钮，在弹出的菜单中选择【堆积柱形

⑮ 选中图表，打开【设计】选项卡，在【位置】组中单击【移动图表】按钮，打开【移动图表】对话框。

⑯ 选中【对象位于】单选按钮，在后面的下拉列表框中选择【任务时间分配图表】选项，然后单击【确定】按钮，即可将图表移动至"任务时间分配图表"工作表。

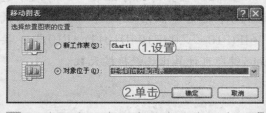

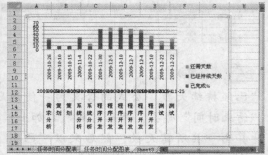

⑰ 选中图表，打开【设计】选项卡，在【数据】组中单击【选择数据】按钮，打开【选择数据源】对话框。

⑱ 在【图例项】组中单击【添加】按钮，打开【编辑数据系列】对话框，单击【系列名称】文本框后的图按钮。

⑲ 在"任务时间分配表"工作表中选定D9单元格，然后单击图按钮，返回【编辑数据系列】对话框。

⑳ 再次单击【系列值】文本框后的图按钮，在【任务时间分配表】工作表中选定D10:D22单元格区域。单击图按钮，返回【编辑数据系列】对话框，然后单击【确定】按钮，返回【选择数据源】对话框。

㉑ 在【图例项】选项区域的列表框中选择【开始时间】选项，单击【上移】按钮图，将【开始时间】选项移动至列表框最上端。

㉒ 此时图表的纵坐标轴会变成任务进度的时间统计。

㉓ 在【选择数据源】对话框的【水平(分类)轴标签】选项区域中，单击【编辑】

按钮，打开【轴标签】对话框。

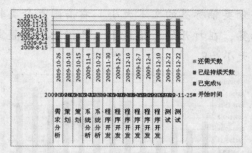

㉔ 单击【轴标签区域】文本框后的图按钮，在"任务时间分配表"工作表中选定B10:C22单元格区域，然后单击图按钮，返回至【轴标签】对话框，单击【确定】按钮。

㉕ 返回【选择数据源】对话框，继续单击【确定】按钮，即可重新设置图表的分类轴标签。

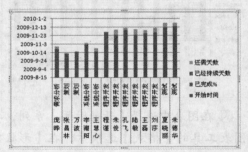

㉖ 选定图表，打开图表工具的【布局】选项卡，在【标签】组中单击【图例】按钮，在弹出的菜单中选择【无】命令，设置在图表中隐藏图例。

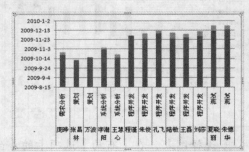

㉗ 为了增大绘图区的面积，可以适当减小分类轴标签的文本大小。右击图表分类轴标签，在打开的【格式】工具栏中，设置文本大小为8。

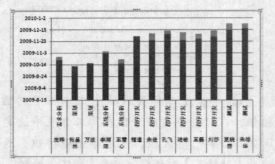

㉘ 选定图表，打开图表工具的【布局】选项卡，在【坐标轴】组中单击【网格线】按钮，在弹出的菜单中选择【主要横网格线】|【主要网格线和次要网格线】命令，为图表添加次要网格线。

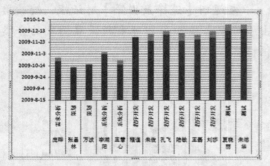

㉙ 在图表中选择【开始时间】系列，打开图表工具的【格式】选项卡，在【形状样式】组中单击【形状填充】按钮，在弹出的菜单中选择【无填充色】命令，即可在图表中隐藏【开始时间】系列。

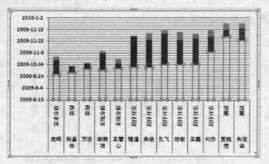

㉚ 选择图表，在【布局】选项卡的【坐标轴】组中单击【坐标轴】按钮，在弹出的快捷菜单中选择【主要纵坐标轴】|【其他主要纵坐标轴选项】命令，打开【设置坐标轴格式】对话框。

㉛ 在【最小值】选项区域中选中【固定】单选按钮，在后面的文本框中输入40081，在【最大值】选项区域中选择【固定】按钮，在后面的文本框中输入40180，最后单击【关闭】按钮即可调整纵坐标的刻度范围。

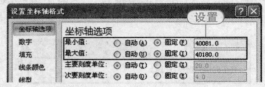

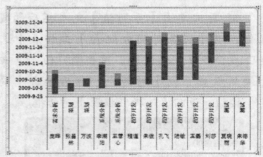

㉜ 在图表中选择【已经持续天数】系列，在【格式】选项卡的【形状样式】组中单击【形状效果】按钮，在弹出的菜单中选择【预设】|【预设2】命令，应用样式。

㉝ 使用同样的方法，为【还需天数】系列应用【预设2】样式。

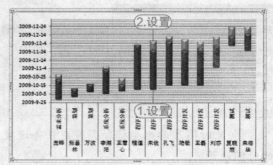

㉞ 在快速访问工具栏中单击【保存】按钮，保存对Excel进行的设置。

13.3 制作自我介绍

本例主要在幻灯片中对文本和段落进行处理，并应用自定义动画和幻灯片切换动画来增加演示文稿播放时的动态效果，同时要求在演示文稿放映的过程中播放音乐。

【例13-3】在PowerPoint 2007中制作自我介绍演示文稿。（❤视频+📁素材）

01 启动PowerPoint 2007应用程序，单击Office按钮，在弹出的菜单中选择【新建】命令，打开【新建演示文稿】对话框。

02 在【模板】列表中选择【我的模板】命令，打开【新建演示文稿】对话框。

03 在【我的模板】列表框中选择【设计模板19】选项，单击【确定】按钮，将模板应用到当前演示文稿中。

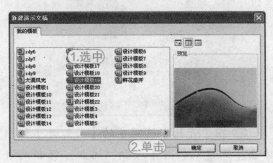

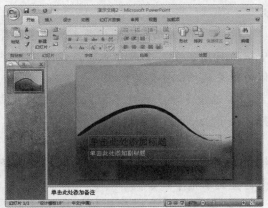

04 在幻灯片中的文本占位符中输入文本，然后调整两个文本占位符的位置。

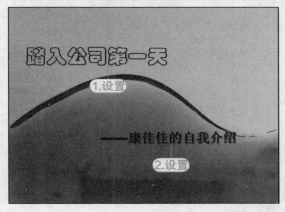

05 打开【插入】选项卡，在【插图】组中单击【剪贴画】按钮，打开【剪贴画】任务窗格。

06 在【剪贴画】任务窗格中单击【搜索】按钮，在剪贴画列表中单击要插入的剪贴画。

07 将剪贴画插入到幻灯片中，并调节其大小和位置。

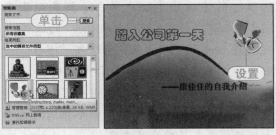

08 在【开始】选项卡的【幻灯片】组中单击【新建幻灯片】按钮，添加一张新幻灯片。

09 在【单击此处添加标题】文本占位符中输入标题文字"康佳佳的基本资料"，设置文字字体为华文琥珀；选中【单击此处添加文本】文本占位符，拖动鼠标缩小该文本框，并使其位于幻灯片的左半侧，并在该文本框中输入文字。

10 选中文字"1979/1/8"，在【开始】选项卡的【段落】组中单击【项目符号】按

钮 右侧的下拉箭头，从弹出的菜单中选择一种样式，为文本应用该项目符号。

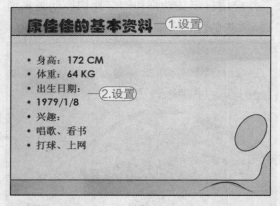

⑪ 使用同样的方法，更改文字"唱歌、看书"和文字"打球、上网"的项目符号。

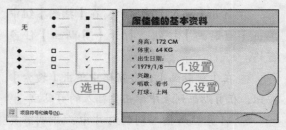

⑫ 选中文字"1979/1/8"，在【开始】选项卡的【段落】组中单击【提高列表级别】按钮 ，提高文字"1979/1/8"的级别。

⑬ 使用同样的方法，为文字"唱歌、看书"和文字"打球、上网"提高级别。

⑭ 选中该文本占位符，使用复制粘贴功能，在幻灯片的右半侧添加一个相同的文本占位符，并在其中修改文字。

⑮ 选中幻灯片中左半侧的文本占位符，在【格式】选项卡单击【形状样式】组中的【形状填充】按钮，在弹出的菜单中选择【渐变】|【其他渐变】命令，打开【设置形状格式】对话框。

⑯ 选中【渐变填充】单选按钮，在【预设颜色】下拉列表框中选择【茵茵绿原】选项，在【类型】下拉列表框中选择【路径】选项，并设置【光圈位置】和【透明度】的属性均为100%，单击【关闭】按钮，为占位符设置渐变效果。

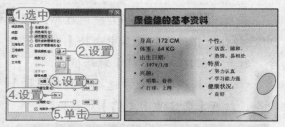

⑰ 参照步骤15~16，为幻灯片中右半侧的文本占位符设置填充颜色，此时第2张幻灯片制作完毕。

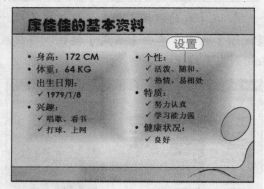

⑱ 在【开始】选项卡的【幻灯片】组中单击【新建幻灯片】按钮，添加一张新幻灯片。

⑲ 在【单击此处添加标题】文本占位符中输入标题文字"个人专长"，设置文字字体为华文琥珀，字形为阴影。

⑳ 选中【单击此处添加文本】文本占位符，按下Delete键将其删除。

㉑ 打开【插入】选项卡，单击【文本】组的【文本框】按钮，在弹出的菜单中选择【垂直文本框】命令。

㉒ 在幻灯片中按住鼠标左键拖动，绘制一个垂直文本框，并输入文字。设置文字"计算机方面"的字体为宋体，字号为24，

字体颜色为蓝色；设置其他文字字体为宋体，字号为24（其中英文字母字体为Times New Roman）。

㉓ 选中除文字"计算机方面"的3段文字，在【段落】组中单击【项目符号】按钮，为3段文字添加项目符号。

㉔ 参照步骤21~23，在幻灯片中再添加两个垂直文本框，并输入文字。

㉕ 打开【设计】选项卡，在【背景】组中单击【背景样式】按钮，在弹出的菜单中选择【设置背景格式】命令，打开【设置背景格式】对话框。在对话框中选中【图片或纹理填充】单选按钮，然后单击【文件】按钮。

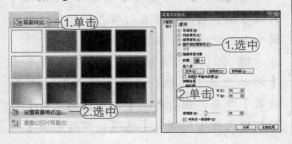

㉖ 打开【插入图片】对话框，选择需要作为幻灯片背景的图片，单击【插入】按钮。

㉗ 返回到【设置背景格式】对话框，单击【关闭】按钮，此时将显示以图片作为背景的幻灯片。

㉘ 在【开始】选项卡的【幻灯片】组中单击【新建幻灯片】按钮，添加一张新幻灯片。

㉙ 在【单击此处添加标题】文本占位符中输入标题文字"我从哪里来？"，设置文字字体为华文琥珀，字形为阴影。

㉚ 选中【单击此处添加文本】文本占位符，按下Delete键将其删除。

㉛ 打开【插入】选项卡，单击【文本】组的【文本框】按钮，在弹出的菜单中选择【横排文本框】命令。

㉜ 在幻灯片中按住鼠标左键拖动，绘制一个横排文本框，并在其中输入文字，设置文字字体为宋体，字号为24，字形为加粗。

㉝ 选中该横排文本框，在【开始】选项

卡单击【段落】组中的【行距】按钮 ，在弹出的菜单中选择1.5命令，此时第4张幻灯片制作完毕。

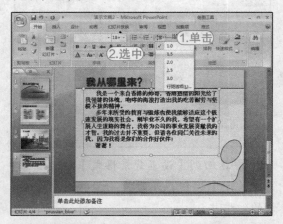

㉞ 在幻灯片预览窗口中选择第2张幻灯片缩略图，将其显示在幻灯片编辑窗口中。

㉟ 打开【动画】选项卡，在【切换到此幻灯片】组中切换动画选项列表中选择【向右推进】选项。

㊱ 在【切换到此幻灯片】组中单击【切换速度】下拉列表框，在弹出的菜单中选择【慢速】选项，为第2张幻灯片设置切换效果。

㊲ 参照步骤35~37，设置第3张幻灯片切换时的动画效果为【楔入】，切换速度为【慢速】。

㊳ 参照步骤35~37，设置第4张幻灯片切换时的动画效果为【顺时针回旋 8根轮辐】，切换速度为【慢速】。

㊴ 在幻灯片预览窗口中选择第1张幻灯片缩略图，将其显示在幻灯片编辑窗口中。

㊵ 选中标题文字"踏入公司第一天"。打开【动画】选项卡，在【动画】组中单击【自定义动画效果】按钮，打开【自定义动画】任务窗格。

㊶ 单击【添加效果】按钮，在弹出的菜单中选择【进入】|【菱形】命令，为该标题文字应用【菱形】动画效果。

㊷ 在幻灯片中选中副标题文字，在任务窗格中单击【添加效果】按钮，选择【进入】|【其他效果】命令，打开【添加进入效果】对话框。

㊸ 在【温和型】选项区域中选择【上升】选项，然后单击【确定】按钮，为副标题文字应用进入式动画效果。

㊹ 在幻灯片预览窗口中选择第2张幻灯片缩略图，将其显示在幻灯片编辑窗口中，选中左半侧的文本占位符。

㊺ 在【自定义动画】任务窗格中单击【添加效果】按钮，选择【强调】|【其他效果】命令，在打开的【添加强调效果】对话框中选择【陀螺旋】选项，然后单击【确

定】按钮，为占位符应用强调式动画效果。

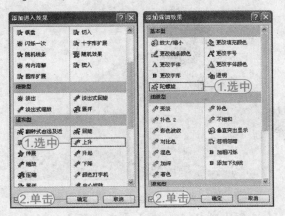

㊻ 在任务窗格的动画列表中右击该动画效果，在弹出的快捷菜单中选择【效果选项】命令，打开【陀螺旋】对话框。

㊼ 打开【正文文本动画】选项卡，在【组合文本】下拉列表框中选择【作为一个对象】选项，单击【确定】按钮，此时自动显示幻灯片播放的预览效果。

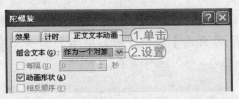

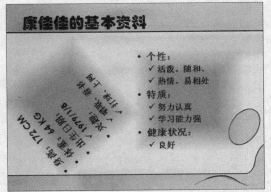

㊽ 使用相同方法为幻灯片中右半侧的文本占位符设置相同的动画效果。

㊾ 在幻灯片预览窗口中选择第3张幻灯片缩略图，将其显示在幻灯片编辑窗口中。

㊿ 选中"特长"垂直文本框，将该对象的自定义动画效果设置为进入动画【飞入】。

51 设置"计算机"垂直文本框的动画效果为【飞入】，然后在【自定义动画】任务窗格中的【方向】下拉列表框中选择【自底部】选项。

52 设置"语言"垂直文本框的动画效果为【飞入】，并设置其动画方向为【自右上部】。

53 在动画名称列表框中选中第2个选项，单击任务窗格底部的🔽按钮，将该动画放映的排序下移一位。

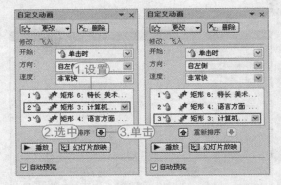

54 在幻灯片预览窗口中选择第4张幻灯片缩略图，将其显示在幻灯片编辑窗口中，选中【单击此处添加文本】文本占位符。

55 在任务窗格中单击【添加效果】按钮，在弹出的菜单中选择【动作路径】|【其他动作路径】命令，打开【添加动作路径】对话框，选择【橄榄球形】命令，单击【确定】按钮。

56 此时幻灯片中出现一个表示路径的橄榄球形虚框，选中橄榄球形虚框，在幻灯片中编辑该路径。

(57) 在幻灯片编辑窗口中显示第1张幻灯片，打开【插入】选项卡，在【媒体剪辑】组中单击【声音】按钮，在弹出的菜单中选择【文件中的声音】命令，打开【插入声音】对话框。

(58) 选择需要插入的声音文件，单击【确定】按钮，此时将打开消息对话框，在该对话框中单击【自动】按钮，幻灯片中将出现声音图标，使用鼠标将其拖动到幻灯片的左下角。

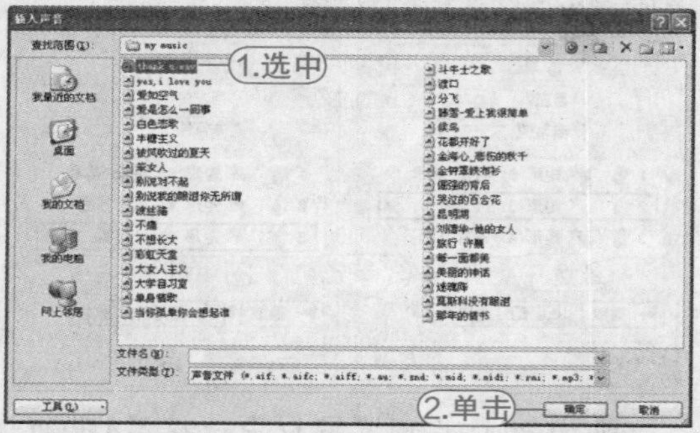

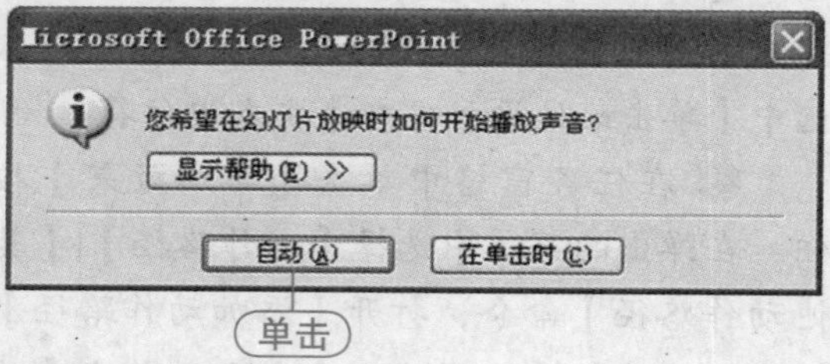

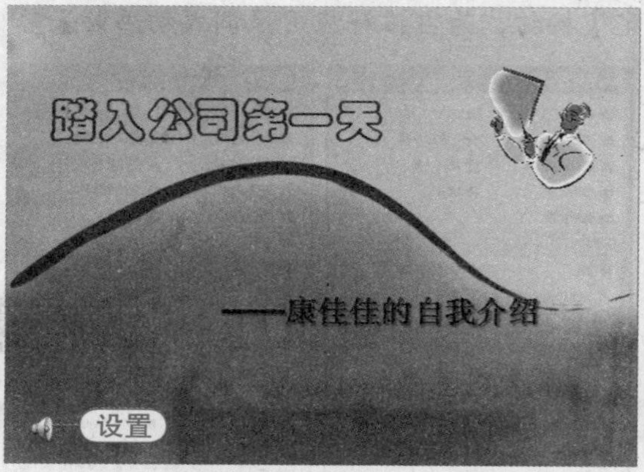

(59) 在幻灯片中选中该声音图标，打开【选项】选项卡，在【声音选项】组的【播放声音】下拉列表中选择【跨幻灯片播放】选项，将该声音文件作用于演示文稿的所有幻灯片。

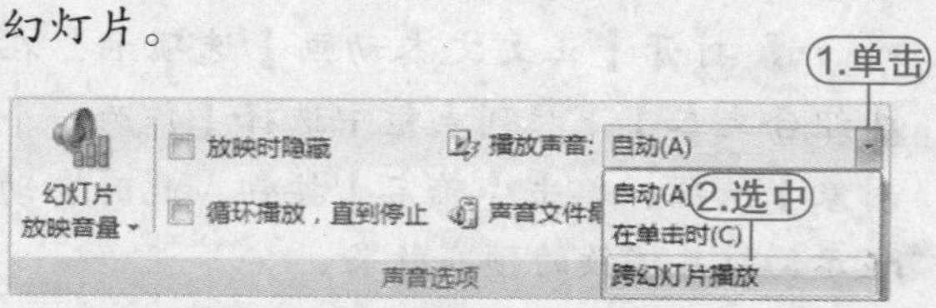

(60) 单击Office按钮，在弹出的菜单中选择【另存为】命令，将该演示文稿以文件名"自我介绍"进行保存。

光盘使用说明

光盘内容及操作方法

　　本光盘为《轻松学》丛书的配套多媒体教学光盘，光盘中的内容包括书中实例视频、素材和源文件以及模拟练习。光盘通过模拟老师和学生教学情节，详细讲解电脑以及各种应用软件的使用方法和技巧。此外，本光盘附赠大量学习资料，其中包括3~4套与本书教学内容相关的多媒体教学演示视频。

　　将DVD光盘放入DVD光驱，几秒钟后光盘将自动运行。如果光盘没有自动运行，可双击桌面上的【我的电脑】图标，在打开的窗口中双击DVD光驱所在盘符，或者右击该盘符，在弹出的快捷菜单中选择【自动播放】命令，即可启动光盘进入多媒体互动教学光盘主界面。

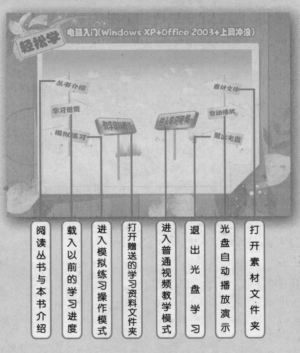

光盘运行环境

- ★ 赛扬1.0GHz以上CPU
- ★ 256MB以上内存
- ★ 500MB以上硬盘空间
- ★ Windows XP/Vista/7操作系统
- ★ 屏幕分辨率1024×768以上
- ★ 8倍速以上的DVD光驱

阅读丛书与本书介绍　｜　载入以前的学习进度　｜　进入模拟练习操作模式　｜　打开赠送的学习资料文件夹　｜　进入普通视频教学模式　｜　退出光盘学习　｜　光盘自动播放演示　｜　打开素材文件夹

普通视频教学模式

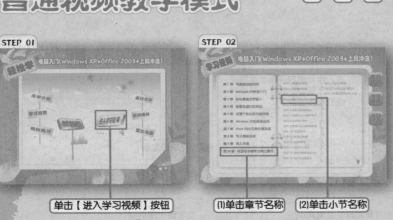

STEP 01　单击【进入学习视频】按钮

STEP 02　(1)单击章节名称　(2)单击小节名称

STEP 03　控制视频教学播放　同步显示解说文字

光盘使用说明

模拟练习操作模式

STEP 01

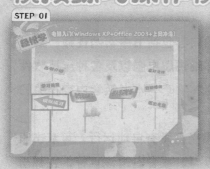

单击【模拟练习】按钮

STEP 02

(1) 单击章节名称　(2) 单击小节名称

STEP 03

在练习界面中根据提示进行操作

学习进度查看模式

STEP 01

单击【学习进度】按钮

STEP 02

(2) 单击需要继续学习的小节名称　(1) 界面中显示每个实例的学习进度数值

STEP 03

此时从上次结束部分继续学习

自动播放演示模式

STEP 01

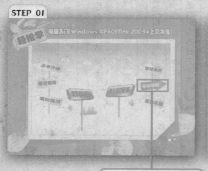

单击【自动播放】按钮

STEP 02

进入自动播放视频教学界面，用户无需动手操作，系统将播放整张光盘

> 在播放视频动画时，单击播放界面右侧的【模拟练习】、【学习进度】和【返回主页】按钮，即可快速执行相应的操作。

光盘播放控制按钮说明

视频播放控制进度条

颜色质量用于设置屏幕中显示颜色的数量。颜色的数量越多，效果就越逼真。

背景音乐　　解说音乐

播放　上一节　后退　暂停　快进　下节

控制背景和解说音量大小

文字解说提示框